KB252187

가볍고 맛있게 해독요리

: 500kcal 채소정식

가볍고 맛있게 해독요리: 500kcal 채소정식

초판 1쇄 인쇄 2014년 7월 25일 **초판 1쇄 발행** 2014년 8월 1일

지은이 쇼지 이즈미 **옮긴이** 김수연
촬 영 치바 미츠루(슈후노토모샤 사진과) **기획협력** D.C.Grocery
모 델 무로야마 마유미, 요시이 유키, 사사키 에리, 가지사 유우,
우라타 슈우코, 다카미 마키, 다카세 아키코

책임편집 유명화 **책임디자인** 최성경

펴낸이 이상순 **주 간** 서인찬 **편집장** 박윤주
기획편집 주리아, 김설아, 서한솔 **디자인** 유영준, 김혜림
마케팅 홍보 이상광, 박성신, 이병구, 박순주

펴낸곳 (주)도서출판 아름다운사람들 **주소** (413-756) 경기도 파주시 회동길 103
대표전화 031-955-1001 **팩스** 031-955-1083 **이메일** books777@naver.com
홈페이지 www.books114.net

500Kcal MODEL GA KAYOU RYOURI KYOSHITSU NO
DETOX-VEGE TEISHOKU by Izumi Shouji

가볍고 맛있게
해독요리

쇼지 이즈미 지음
김수연 옮김

채소가 맛있다
몸이 가볍다

채소 중심으로 먹는 날을 정했어요!

다카세 아키코(高瀨媛子, 여배우)

"전에는 피부 트러블 때문에 많이 고민했는데 지금은 전혀 안 그래요. 변비도 잘 걸리지 않고요. 몇 년 전부터 채소 중심의 식사로 바꾼 덕분이죠. 아침에는 신선한 채소와 과일을 넣어서 만든 스무디를 즐겨 마시고, 점심과 저녁에는 되도록 현미와 채소를 이용한 음식으로만 식단을 짜서 먹어요. 그리고 아예 제가 직접 쌀을 길러서 먹고 있지요. 일하다 보면 단체로 주문한 도시락을 먹어야 할 때도 있는데, '그런 건 절대 먹으면 안 된다'라고 규칙을 정해놓으면 오히려 스트레스를 받게 돼요. 그래서 도시락도 편한 마음으로 맛있게 먹어요. 그 대신 쉬는 날은 '해독하는 날'로 정해놓고, 요리 교실에서 배운 음식을 만들어서 채소를 많이 섭취하며 식생활 균형을 맞춥니다."

이따금 정도를 높이는 '해독하는 달'을 정해요

사사키 에리(佐佐木依里, 모델)

"얼굴도 자주 붓고, 여러 가지로 고민이 많아요. 예전에는 심한 변비로 고생하기도 했고요. 그런데 몇 달 전부터 동료 모델들 사이에 많이 알려진 로푸드를 시작했더니 변비 증상이 많이 개선되더라고요. 오전 중에만 로푸드를 실천하고 점심과 저녁에는 편하게 먹는데도요. 피부도 조금씩 투명해지는 걸 보면, 오전 중에만 실천해도 효과가 충분히 있는 것 같아요. 그리고 종종 식생활이 불규칙해진 것 같다는 생각이 들면 '이번 달은 육류와 어류는 줄이자' 라든가 '이번 달은 로푸드 비율을 높이자'는 생각으로 해독식단을 강화하는 달을 정해 평소에 쌓인 독을 해독한답니다."

해독정식을 시작하고 나서 피부가 고와졌어요

무로야 마유미(室谷眞由美, 모델)

"마크로비오틱 학교에서 공부를 시작하고 나서부터 최근 몇 년 동안 집에서는 거의 완전한 마크로비오틱 식생활을 하고 있어요. 주식도 현미로 바꿨지요. 거기에 계절 채소로 만든 반찬을 곁들여서 매일 즐겁게 식사하고 있어요. 마크로비오틱을 시작하고 나서 피부에 광택이 나고 화장도 더 잘 받게 되었답니다. 그리고 몸매가 더욱 예뻐졌어요. 독이 빠져나가서인지 알레르기도 낫고, 쉽게 피로해지지도 않아서 컨디션이 더 좋아졌어요. 제가 보기엔 좋은 점만 있는 것 같아요. 해독요리는 정말 간단하게 만들 수 있어 마크로비오틱(뿌리, 껍질, 줄기, 씨 등 식품을 통째로 먹는 조리법)을 하는 저에게 무척 큰 도움이 돼요."

채소 위주의 식생활을 하자 거칠던 피부가 고와졌어요

다카미 마키(鷹見麻記, 화장품 전직 모델)

"저는 겉모습을 가꾸는 것뿐만 아니라 몸속을 건강하게 가꾸는 것도 중요하다고 생각해요. 그래서 되도록 식물성 식품, 그것도 최대한 유기농 식품만 골라서 먹으려고 노력하고 있어요. 아침 11시까지는 과일만 먹는 것이 저만의 원칙이에요. 점심과 저녁에는 육류나 어류를 먹을 때도 있지만 되도록 채소 위주로 먹고 현미와 콩도 섭취하려고 신경 쓰죠. 덕분에 거칠던 피부가 고와졌고 배변 활동도 더욱 좋아졌어요. 또 전에는 많이 먹는 탓에 위가 늘어나서 배 속이 불편했던 적도 있지만, 지금은 소화가 잘 돼서 몸도 아주 가뿐해요."

일러두기

- 한 끼 식단에 곁들인 밥은 특별한 경우를 제외하고는 작은 밥공기에 가볍게 채운 140g(235kcal)을 1공기로 하여 총 칼로리를 계산했습니다.
- 빵은 1인분(150kcal)을 기준으로 하여 칼로리를 계산했습니다. 빵의 종류, 재료에 따라 차이가 있을 수 있으니 유념하기 바랍니다.
- 재료 분량은 2인분, 칼로리는 1인분 기준으로 표시했습니다.
- 사진에 나와 있는 음료는 특별한 표시가 없는 한 칼로리가 없는 차입니다.
- 1큰술 = 15ml • 1작은술 = 5ml • 1컵 = 200ml
- 1꼬집은 엄지, 검지, 중지로 집은 양을 가리킵니다.

CONTENTS

CHAPTER 3

특별한 날 스타일리시하게

CHAPTER 4

증상별 맞춤 해독요리

TIP

START!

chapter 1

how to 해독요리

포만감을 크게 느끼는 채소만으로 꾸리는
해독요리의 대가 이즈미의 요리는 모델들 사이에서는
유명한 특별식입니다. 먹을수록 예뻐지고, 살 잘 빠지는 몸으로
만들어주는 이즈미표 해독요리는 모델들 사이에서는 인기만점입니다.
소문내지 않고 그녀들만 공유하는 다이어트식이자
미용식인 요리를 소개합니다.

맛있는 해독요리
가벼운 500kcal 채소정식

해독요리 식단은 몸속에 쌓인 노폐물을 배출하는 효과가 있는 채소로 짜는 것이 특징입니다. 모두 한 끼에 500kcal 이하여서 맛있게 먹어도 살찌지 않기 때문에 많은 여성에게 환영받지요.

첫째, 장에 쌓인 노폐물을 배출한다

변비에 걸리면 장에서 여분의 지방과 영양까지 흡수해버립니다. 저칼로리 식단은 식이섬유가 풍부하게 들어 있는 채소와 해초를 주재료로 사용하기 때문에 꾸준히 섭취하면 변비에서도 탈출할 수 있답니다. 그 덕분에 체질 개선이 되어 살도 잘 찌지 않게 됩니다.

둘째, 혈액을 깨끗하게 청소한다

장에서 노폐물 대사가 원활해지면 혈액이 깨끗해져 혈액 순환도 원활해집니다. 그러면 몸의 구석구석까지 산소와 영양이 고르게 운반되어 신진대사가 활발해지지요. 피부와 머리기락에도 영양이 골고루 전달되어 광채 나는 피부 미인이 될 수 있습니다.

셋째, 몸속에 지나치게 많은 수분을 배출한다

우리 몸은 염분을 과다하게 섭취하면 나트륨 농도를 일정하게 유지하기 위해서 몸속에 수분을 모아둡니다. 해독요리의 주역인 채소는 몸속의 나트륨을 배출하도록 하는 칼륨이 풍부합니다. 그래서 해독요리를 섭취하면 몸속에 쌓인 나트륨이 배출되면서 필요 이상으로 축적된 수분도 함께 빠져나가 몸의 부기가 빠지므로 더욱 날씬해집니다.

넷째, 독소를 배출해 몸속을 더욱 깨끗하고, 더욱 건강하게 만든다

이 책에서 소개하는 식단은 해독 효과가 특히 높은 여섯 가지 채소를 주재료로 하여 구성합니다. 이 채소들을 꾸준히 섭취하면 노폐물과 독이 배출되어 피부가 고와질 뿐만 아니라 몸 상태도 개선됩니다.

해독식단
기본 가이드

해독요리 식단이 특별한 이유는 또 있답니다. 부기를 없애고, 피부를 맑게 하기 때문인데요. 미용을 위해 채식을 어떻게 이용하는지, 어떻게 오래 유지하는지 그 노하우를 들어봅니다.

모델들뿐만 아니라 세계 유명인들에게도 인기가 많아요!

현미와 잡곡, 제철 채소를 중심으로 하는 식사법인 마크로비오틱은 몇 년 전부터 아주 큰 인기를 얻고 있답니다. 모델 중에서도 마크로비오틱을 실천하고 있는 사람이 많아요. 그중 한 명인 무로야 마유미 씨는 따로 마크로비오틱 학교에도 다니면서 본격적으로 마크로비오틱을 배우기 시작했어요. 그래서 무로야 씨가 요리 교실에 참가하는 날은 마크로비오틱 이야기로 온 교실이 들썩이지요.

마크로비오틱에서는 몸을 따뜻하게 하는 식품은 '양(陽)', 차게 하는 식품은 '음(陰)'으로 표현하

고 그 둘의 조화를 맞춰서 식단을 짜기 때문에 조금 어렵게 느껴지긴 한답니다.

"전혀 어렵지 않아요. 겨울에는 자연스레 몸을 따뜻하게 하는 뿌리채소가 먹고 싶어지고, 여름에는 몸의 열을 없애주는 채소가 먹고 싶어지기 마련이거든요. 몸이 하는 이야기에 귀를 기울이면서 제철 채소를 먹는다면 큰 문제는 없을 거예요."(무로야)

다카세 아키코 씨도 현미와 채소 위주로 식사를 하지요. 마크로비오틱에서는 식품은 통째로 섭취하는 것이 바람직하며, 껍질이나 뿌리도 버리지 않고 이용해요. 다시 말해 채소는 껍질째 먹고 쌀은 정제하지 않고 현미로 먹는 등의 원칙을 지킵니다. 전체를 있는 그대로 받아들이려 노력하기 때문에 다카세 씨는 쌀도 직접 길러서 먹으려고 벼농사까지 시작했다고 해요.

"마크로비오틱 식사를 하고 나서부터 장이 편안해졌어요. 피부의 분비 작용도 좋아졌는지 마크로비오틱을 한 날에는 화장도 쉽게 지워지지 않아요. 많이 먹어도 살이 찌지 않는다는 점도 큰 매력이죠. 그렇지만 육류나 어류를 먹는 날도 있고, 정말로 편안하게 마크로비오틱 식생활을 하고 있답니다. 이렇게 좋은 점뿐이니 얼마나 좋은지 짐작되시죠?"(다카세)

로푸드를 실천하는 사람이 늘고 있어요!

"로푸드를 실천하는 동료가 무척 많아요."(사사키 에리)

로푸드란 말 그대로 불을 쓰지 않고 자연 그대로 먹는 식사법을 말해요. 채소에 함유된 효소와 비타민, 미네랄 등은 가열하면 파괴되기 때문에 효소가 파괴되지 않는 48℃까지의 가열에서 멈추는 것이 좋다고 합니다.

사사키 씨는 점심과 저녁은 특별한 관리 없이 먹고 싶은 음식을 마음 편하게 먹지만 아침만은 로푸드로 먹는다고 해요.

"아침에는 생채소로 만든 샐러드나 과일을 주로 먹고, 간편하게 먹고 싶을 때는 직접 스무디를 만들어 먹어요. 이런 아침 식사만으로도 몸에 커다란 변화가 생겼지요. 숙변이 빠져나가고 체중도 줄고 피부도 고와졌어요. 로푸드가 냉증에는 좋지 않을 거라고 생각하는 분들도 있지만 전혀 그렇지 않아요. 혈액이 맑아지기 때문인지 일정 기간 지속하면 냉증이 나을 정도랍니다. 세 끼를 꾸준히 로푸드로 먹기가 어렵다면 저처럼 아침만 로푸드로 바꿔보세요."(사사키)

마크로비오틱을 실천하고 있는 다카세 아키코 씨도 사사키 씨와 마찬가지로 아침만은 로푸드로 먹는다고 해요.

"저도 샐러드나 스무디로 아침을 챙겨 먹고 있어요. 점심과 저녁에는 가열한 요리를 중심으로 하면서 샐러드가 있을 땐 샐러드를 제일 처음으로 먹는답니다. 생채소나 생과일을 처음에 먹으면 소화 효소가 분비돼 소화 작용이 더 활발해진다고 해서요. 그 덕분인지 예전보다 살이 잘 안 찌는 것 같아요."(다카세)

아침에는 스무디로 간편하게 로푸드를 실천해요

로푸드를 실천하는 모델들은 아침에는 거의 스무디를 먹는다고 해요. 스무디는 생과일이나 생채소를 그대로 믹서에 넣고 곱게 갈아서 마시는 음료예요.

"아침 11시까지는 생과일만 먹는 것을 지키고 있어요. 스무디를 만들어 먹으면 아침을 간편하게 즐길 수 있어요."(다카키 마키)

"과일과 채소를 섞어서 만든 스무디를 먹어요. 든든하게 먹는 편이라 스무디만으로도 공복감이 느껴지지 않아요."(다카세 아키코)

현미나 잡곡을 주식으로 하는 사람이 많아요

마크로비오틱 식사법에서는 현미나 잡곡이 식사의 중심이에요. 그렇지만 마크로비오틱을 의식하지 않는 사람 중에서도 주식을 현미로 먹는 사람이 많답니다.

"점심과 저녁은 로푸드가 아니라 일반적으로 가열

한 요리를 먹는데, 그래도 주식은 되도록 현미나 잡곡으로 먹어요. 식이섬유와 미네랄이 풍부해서 변비에 잘 걸리지 않고 피부 상태도 좋아졌어요."(다카미)
"현미나 잡곡은 잘 씹어서 먹어야 하기 때문에 자연스럽게 식사 시간이 길어져 과식을 방지하는 장점도 있답니다."(무로야 마유미)

기본 조미료만큼은 질 좋은 것을 고집해요

모델들은 바쁜 생활을 하기 때문에 더욱더 조리의 기초가 되는 조미료에 신경을 쓴다고 해요.
"조미료는 질이 좋은 것을 사려고 노력해요. 시간이 없어서 급하게 요리를 만들 때도 맛이 질적으로 다르거든요."(우라타 슈코)
옛날 그대로의 제조 방식을 따라 만들어진 간장과 미소된장, 식초와 맛술 같은 발효 식품은 장내 발효균을 늘리는 데도 도움이 됩니다. 올리브유나 참기름 등도 질이 좋은 것을 고르도록 하세요. 그것만으로도 채소의 맛이 훨씬 좋아진답니다.

가급적 유기농 채소를 선택해요

미용을 위해서는 채소를 많이 섭취하는 것이 기본이고, 더 나아가 가능하면 유기농 채소를 선택하는 것이 좋아요.

"유기농 화장품을 홍보하고 있기 때문에 채소도 유기농으로 선택해요. 집에서뿐만 아니라 외식할 때도 웬만하면 유기농 채소를 사용해서 음식을 만드는 가게를 찾아간답니다."(다카미)

"마크로비오틱에서는 껍질이나 잎 등 일반적으로는 버리는 부분도 있는 그대로 먹기 때문에 유기농 채소를 고르는 편이 좋아요. 일반 채소보다 조금 비싸긴 해도 버리지 않고 거의 전부 먹기 때문에 결과적으로는 지출도 줄어드는 것 같아요."(무로야)

기본 재료 6가지

'하루 한 끼 해독요리 정식', 아니면 주말에 '하루 두 끼 해독요리 정식'으로 자신만의 목표를 정해보세요. 우선 다음과 같은 기본 채소 여섯 가지를 항상 준비해두는 것이 좋습니다.

이 책에서 소개하는 식단을 실천하려면, 되도록 하루에 한 끼는 채소로 만든 해독식으로 하는 것이 좋아요. 평일에 외식이 잦아서 이를 지키기 어렵다면 주말 이틀 만이라도 '하루 두 끼 채식'을 하면 몸이 알아서 영양 균형을 잡는답니다.
해독식을 실천하려면 우선 기본 재료인 여섯 가지 채소를 미리 준비해두는 것이 좋습니다. 채소를 비롯한 해초, 대두 제품, 과일 등은 모두 비타민과 미네랄, 식이섬유가 풍부하지만, 그중에서도 무말랭이, 무, 표고버섯, 토마토, 양파, 양배추 이 여섯 가지는 빼놓을 수 없는 필수 식품입니다.

무말랭이는 육류나 어류를 제외한 식단에서 맛국물 대신 사용할 수 있어서 좋고, 영양도 풍부합니다. 무는 말렸을 때 영양이 더욱 농축되면서 염분을 몸 밖으로 배출하는 작용을 하는 칼륨이 일반 무의 14배, 칼슘은 무려 23배나 늘어납니다. 무말랭이 10g당 식이섬유를 2.1g이나 포함하지요. 그렇지만 생무를 통해서만 섭취할 수 있는 영양도 있어요. 생무에 들어 있는 아밀라아제는 위장 활동을 활발하게 해서 육류나 어류를 지나치게 섭취했을 때 생긴 독소를 해독합니다.

표고버섯에는 혈중 콜레스테롤 수치를 낮추는 성분이 포함되어 있으며 식이섬유도 풍부합니다. 토마토에 들어 있는 비타민 C와 카로틴은 고운 피부를 만드는 데 꼭 필요합니다. 뿐만 아니라 토마토에는 지방의 대사를 촉진하는 비타민 B6와 부기를 빼는 데 효과가 있는 칼륨도 있답니다. 양파에 들어 있는 황화알릴은 간의 지방 대사를 촉진하고, 당질의 대사에 필요한 비타민 B1이 몸속에 흡수되도록 돕는 역할을 합니다.
양배추에는 비타민 C와 아미노산, 식이섬유가 풍부하고, 간의 해독 작용을 돕는 성분이 다량 들어 있습니다.

이 책에서 소개하는 해독요리 식단은 모두 이 여섯 가지 채소를 바탕으로 만들어 해독 효과가 최고라고 할 수 있습니다. 한 끼 정식을 만들 시간이 없다면, 식단 중 한 가지 음식만이라도 만들어보세요. 이 여섯 가지 채소를 갖춰두면 언제든지 만들어 먹을 수 있으니 미리미리 준비해두세요.

효과 더하는
그 밖의 재료들

앞에서 이야기한 여섯 가지 채소와 함께 사용하면 더 좋은 재료들이 있습니다. 바로 약효가 있는 향신료와 해초입니다. 해독 효과가 있는 이 재료들을 사용한 음식으로 식단을 바꾸기만 해도 몸이 슬림해지고 가뿐해집니다.

매실장아찌(우메보시)

소화되지 않고 몸속에 쌓인 노폐물이 부패하지 않도록 돕는 역할을 합니다. 또 많이 함유된 구연산은 간의 활동을 도와 해독 효과를 높입니다.

참깨

간에서 이뤄지는 지방과 알코올 대사를 돕습니다. 비타민 E가 들어 있어 혈액 순환을 촉진하고, 칼슘과 철 그리고 부기를 빼는 칼륨도 풍부합니다.

생강

매운맛을 내는 성분인 진저론이 혈액 순환을 촉진해 온몸의 신진대사를 활발하게 합니다. 발한 작용이 있어서 부기를 빼는 데 좋은 식재료입니다.

한천

식이섬유가 풍부해 변비를 해소하는 데 매우 좋은 식재료입니다. 배 속에 들어가면 팽창해서 포만감을 느끼게 되기 때문에 과식을 방지하는 데도 도움이 됩니다.

미역

수용성 식이섬유가 풍부해 변비 해소에 좋습니다. 콜레스테롤이 혈관 벽에 붙는 것을 방지하고, 몸속에 쌓인 나트륨 배출을 촉진합니다.

마늘

알리신이라는 성분이 몸속에서 비타민 B1과 결합하여 피로 회복 작용을 합니다. 또 지방 분해를 촉진하는 작용을 하므로 다이어트 중에도 부담 없이 섭취할 수 있습니다.

고추

고추의 매운맛을 내는 캡사이신이라는 성분이 몸속에서 아드레날린 분비를 촉진해서 에너지 대사가 원활해집니다. 매운 요리는 다이어트를 돕는 최고의 아군입니다.

현미 • 잡곡

식이섬유를 많이 함유하고 있으며, 혈액 순환을 촉진하는 비타민 E도 풍부합니다. 단백질도 백미보다 많으니 주식은 되도록 현미나 잡곡으로 만들도록 합니다.

START!

chapter 2

맛있는 해독요리 가벼운 해독식단

집에서 밥을 만들어 먹을 수 있는 날에는
해독요리 정식을 만들어보세요. 손쉽게 척척 만들 수 있는
메뉴들이므로 금방 만들 수 있어요.
맛있고 식감도 좋은 메뉴가 칼로리는 500kcal대 이하여서
몸도 좋아하는 한 끼 식사랍니다.

버섯당근경단
무즙무말랭이샐러드
크레송라이스

버섯당근경단 정식

미트볼 스타일로 만든 귀여운 경단은 고기가 아닌 당근을 듬뿍 넣어서 만든 웰빙 메뉴예요. 좋아하는 소스와 소금을 살짝 가미해서 만들어보세요. 해독 작용을 하는 샐러드와 약간 쌉싸래한 맛의 비빔밥을 함께 먹는, 영양 균형이 잡힌 식단이랍니다.

버섯당근경단

구루마후를 갈아 넣어서 식감이 좋아요

재료(2인분)

구루마후* 2개

작은 당근 1개(120g)

표고버섯 1개(15g)

얼레짓가루* 2큰술

소금 2꼬집

식용유 적당량

만드는 방법

1. 구루마후는 강판에 간다. 당근은 반으로 잘라 절반은 다지고 나머지 절반은 강판에 간다. 표고버섯은 잘게 다진다.
2. 볼에 ①에서 손질한 재료와 소금, 얼레짓가루를 모두 넣고 고루 섞은 다음, 한 입 크기로 경단을 빚는다.
3. 프라이팬에 식용유를 두르고 경단을 넣고 굴리면서 노릇노릇하게 굽는다.

* 구르마후: 밀가루에서 얻은 글루텐으로 만든 일본 식품 후(麩)의 한 종류
* 얼레짓가루: 얼레지의 땅속줄기로 만든 녹말. 얼레짓가루를 준비하지 못했을 때는 녹말가루를 사용한다.

무즙무말랭이샐러드

무가 들어가서 해독 효과가 더욱 높아요

재료(2인분)

무 3cm(100g)

무말랭이 15g

크레송 20g

양배추 1장(50g)

양파 1/6개(30g)

소금 1/4작은술

올리브유 1큰술

레몬즙 1½큰술

토마토 1개(150g)

만드는 방법

1. 무는 강판에 갈고 무말랭이는 씻어서 먹기 좋은 크기로 썬다. 크레송은 썩둑 썰고 양배추는 한 입 크기로 손으로 찢는다. 양파는 얇게 채 썬다.
2. 무즙과 무말랭이를 볼에 넣고 3분 정도 그대로 둔다.
3. 무말랭이가 어느 정도 불면 나머지 재료를 넣고 고루 섞어 접시에 담아낸다. 토마토를 비스듬한 모양으로 썰어 곁들여 담는다.

크레송*라이스

크레송은 피를 맑게 해서 빈혈에도 좋은 채소랍니다

재료(2인분)

크레송 30g

밥 200g

다진 마늘 1/4작은술

올리브유 1/2작은술

소금 1/4작은술

만드는 방법

1. 크레송은 먹기 좋은 크기로 썬다.
2. 볼에 모든 재료를 넣고 고루 섞어 그릇에 담아낸다.

* 크레송: 향긋하면서 톡 쏘는 매운맛과 쌉쌀한 맛이 좋은 크레송은 향신료로 이용, 물냉이, 워터크래스로도 부른다.

피망니쿠즈메
가지토마토된장국
딸기두부타르트

피망니쿠즈메 정식

다진 고기로 소를 만들어서 피망 속에 채운 요리는 아주 먹음직스럽지만, 그만큼 칼로리도 신경이 쓰이지요. 그렇지만 고기 대신 채소를 넣어서 만들면 칼로리를 낮출 수 있답니다. 밥 한 공기에 된장국과 디저트까지 포함해도 533kcal이기 때문에 다이어트 중에도 부담 없이 즐길 수 있어요.

PYREX

피망니쿠즈메*

바싹 볶은 두부로 만들어서 고기 같은 식감을 즐길 수 있어요

재료(2인분)

작은 피망 3개(80g) 두부 1모(300g)
무말랭이 1꼬집 양파 1/6개(30g)
간장 · 흰 참깨 페이스트 2작은술씩
식용유 적당량 빵가루 적당량
양배추 1장(50g) 얇게 썬 무 5장(30g)

만드는 방법

1. 피망은 세로로 반을 잘라서 씨와 속살을 제거하고, 두부는 물기를 뺀다. 무말랭이는 씻어서 잘게 다지고 양파도 잘게 다진다.
2. 프라이팬에 식용유를 두르고 두부를 으깨어 볶다가 무말랭이와 양파, 간장과 흰 참깨 페이스트를 넣고 수분이 날아갈 때까지 볶는다.
3. ①의 피망에 ②의 소를 채워 넣은 다음 빵가루를 뿌려 200℃의 오븐에서 15분 동안 굽는다. 양배추, 무와 함께 접시에 담아낸다.

* 니쿠즈메: 피망, 연근 등 채소에 고기를 채워넣어 찌는 일본식 조리법

가지토마토된장국

감칠맛이 풍부한 서양식 미소된장 수프예요

재료(2인분)

가지 1개(100g)

작은 토마토 1/2개(60g)

표고버섯 2개(30g)

물 300ml

미소된장 2작은술

말린 바질 1작은술

올리브유 적당량

만드는 방법

1. 가지는 꼭지를 떼고 한 입 크기로 손으로 찢는다. 토마토는 숭덩숭덩 썰고 표고버섯은 한 입 크기로 자른다.
2. 냄비에 물과 가지, 토마토, 표고버섯을 넣고 중간 불에서 끓인다. 끓어오르면 약한 불로 줄이고 5분 동안 푹 끓인다. 가지가 부드러워지면 미소된장을 풀어넣는다.
3. 말린 바질을 뿌리고 국그릇에 담아낸다. 올리브유를 살짝 뿌려 낸다.

딸기두부타르트

새콤달콤한 딸기디저트로 식용유를 넣지 않아 안심하고 먹을 수 있어요

재료(2인분)

딸기 100g

두부 1/3모(100g)

설탕 · 얼레짓가루 2작은술씩

만드는 방법

1. 딸기는 꼭지를 따서 먹기 좋은 크기로 썰고, 두부는 물기를 뺀다. 딸기는 한두 개 남긴다.
2. 모든 재료를 푸드 프로세서나 믹서에 넣고 페이스트 상태가 되도록 간다.
3. 내열용기나 실리콘 컵에 ②의 재료를 붓고 250℃로 예열한 오븐에서 10분 동안 굽는다. 마지막으로 딸기를 먹기 좋은 크기로 썰어 올려 장식한다.

PYREX

무두부스테이크
양파무화이트수프
즉석 진저에일

무두부스테이크 정식

두부와 무를 갈아서 섞어 만든 패티를 햄버그 스타일로 구운 요리예요. 담백하고 부드러운 데다 다진 닭고기가 들어간 햄버그 스테이크와 비슷한 맛이 나지요. 부드러운 수프와 알싸한 맛이 일품인 음료를 곁들여서 신진대사를 촉진하는 데도 한몫을 한답니다.

* 얇게 썬 천연 효모빵 3장을 1인분으로 하여 총 칼로리를 계산했습니다.

무두부스테이크

칼슘과 철이 풍부해서 여성에게 더욱 좋은 요리예요

재료(2인분)

고야도후*(얼린 두부) 2장
무 6cm(200g)
표고버섯 2개(30g)
얼레짓가루 4큰술
소금 1/4작은술
식용유 적당량
양배추잎(채 썬 것) 1장(50g)
토마토 작은 것(비스듬한 모양으로 썬 것) 1/4개 분량(40g)

만드는 방법

1. 고야도후와 무는 갈고, 표고버섯은 잘게 다진다.
2. ①을 볼에 넣고 얼레짓가루와 소금을 넣어 고루 섞는다. 적당량 덜어 햄버그 모양으로 뭉친다.
3. 프라이팬에 식용유를 두르고 ②를 넣어 중간 불에서 굽는다. 한쪽 면이 노릇하게 구워지면 뒤집고 뚜껑을 덮어서 4~5분 동안 쪄서 익힌다. 속까지 익으면 불을 높여 노릇노릇한 색이 나게 구운 다음 불을 끈다. 양배추는 채 썰고 토마토는 비스듬하게 썰어 곁들인다.

* 고야도후: 두부를 냉동건조시켜 만든 가공식품. 집에서는 두부를 먹기 좋은 크기로 잘라 물기를 제거하고 펼쳐서 얼려두었다가 사용한다.

양파무화이트수프

해독에 좋은 채소가 세 가지나 들어간 수프랍니다

재료(2인분)

무 3cm(100g)

양파 1/2개(100g)

무말랭이 1꼬집

물 1컵

두유 1컵

소금 1/2작은술

올리브유 적당량

만드는 방법

1. 무와 양파는 잘게 다지고, 무말랭이는 씻어서 먹기 좋은 크기로 썬다.
2. 냄비에 올리브유를 두르고 ①의 양파를 넣어 투명해질 때까지 볶는다. 무와 무말랭이도 넣어 볶은 다음 물을 붓고 5분 동안 푹 끓인다.
3. ②에 두유를 붓고, 푸드 프로세서나 믹서에 넣어서 페이스트 상태가 되도록 간다. 다시 냄비에 넣고 살짝 데운 다음 소금으로 간을 맞춰 그릇에 담아 낸다. 파슬리가 있으면 위에 뿌려 장식한다.

즉석 진저에일

생강에 들어 있는 진저론 성분이 몸속의 대사를 촉진해요

재료(2인분)

간 생강 2작은술

메이플시럽 1$\frac{1}{3}$큰술

레몬즙 1$\frac{1}{3}$큰술

탄산수 1컵

만드는 방법

1. 생강은 한 번 더 곱게 갈아 준비한다.
2. 유리컵에 곱게 간 생강, 메이플시럽, 레몬즙을 넣고 탄산수를 붓는다.

토란키슈
건어물채소샐러드
아보카도페이스트

토란키슈 정식

키슈는 일반적으로 달걀과 생크림으로 만들지만, 해독요리 식단에서는 으깬 토란을 사용해 웰빙 스타일로 만들어요. 저칼로리에다 쫀득하면서도 부드럽게 느껴지는 감칠맛이 일품이랍니다. 미네랄이 풍부한 건어물로 만든 샐러드와 피부 미용에 좋은 아보카도페이스트를 함께 만들어 드세요.

토란키슈*

토란으로 만든 파이에는 해독 채소가 듬뿍 들어 있어요

재료(2인분)

큰 토란 2개(260g)

양배추 1장(50g)

양파 1/6개(30g)

표고버섯 3개(45g)

시로미소(흰 된장) 1큰술

얼레짓가루 · 밀가루 1큰술씩

만드는 방법

1. 토란은 삶아서 껍질을 벗겨 으깨고, 양배추는 삶아서 잘게 썬다. 양파와 표고버섯은 굵게 다진다.
2. 모든 재료를 볼에 넣고 고루 섞는다.
3. 내열용기에 ②를 넣고 220℃의 오븐에서 15분 동안 굽는다.

* 키슈: 다진 고기나 채소, 치즈, 달걀 등으로 속을 채워 구운 프랑스식 전통 파이 요리

건어물채소샐러드

건어물의 미네랄과 채소의 비타민이 만나 몸에 더욱 좋아요

재료(2인분)

톳 · 무말랭이 · 자른 미역 1큰술씩

양상추 2장(60g)

작은 토마토 1/4개(30g)

무 1cm(30g)

크레송 20g

소스

레몬즙 1큰술

소금 1/4작은술

올리브유 2작은술

굵게 간 후추 약간

만드는 방법

1. 톳은 씻어두고 무말랭이는 씻어서 먹기 좋은 크기로 썬다. 양상추는 먹기 좋은 크기로 손으로 찢고, 토마토는 2cm 크기로 깍둑 썬다. 무는 잘게 썰고 크레송은 먹기 좋은 크기로 썬다.
2. 볼에 톳, 무말랭이, 자른 미역과 소스 재료를 넣어 고루 섞어 5분 동안 그대로 두어 간이 고루 배어들게 한다.
3. ②에 양상추, 토마토, 무, 크레송을 넣어 뒤섞어 그릇에 담아낸다.

아보카도페이스트

비타민 E가 듬뿍 들어 있어 피부 미용에 아주 좋아요

재료(2인분)

아보카도 1/2개

레몬즙 1작은술

소금 1/4작은술

굵게 간 후추 1/2작은술

얇게 썬 바게트 4개(40g)

만드는 방법

1. 아보카도는 껍질을 벗겨 내고 포크로 으깬다.
2. 모든 재료를 볼에 넣고 포크로 고루 뒤섞어 페이스트를 완성한다. 바게트에 페이스트를 발라 먹는다.

가지가라아게
버섯토마토장국
연두부안닌도후

가지가라아게* 정식

가라아게는 주로 닭고기로 만드는데, 가지로 만든 가라아게도 의외로 맛이 좋아요. 튀김 요리는 식용유를 사용하기 때문에 칼로리가 걱정되게 마련이지요. 하지만 식용유의 양을 평소보다 적게 하고, 튀김옷을 입히지 않고 튀기면 크게 문제되지 않아요. 해독에 좋은 맑은 장국과 디저트까지 함께 먹으면 포만감을 느낄 수 있는 든든한 정식이 되지요.

* 가라아게: 튀김옷을 입히지 않고 튀긴 일본식 요리

가지가라아게

간 생강과 다진 마늘, 고추를 넣어 해독 효과를 높였어요

재료(2인분)

작은 가지 3개(240g)
무 1cm(30g)
양파 1/4개(50g)
얼레짓가루 · 참기름 적당량
양배추 1장(50g)

소스

간 생강 1큰술
간장 3큰술
다진 마늘 1/2작은술
칠리 파우더 1/4작은술

만드는 방법

1. 가지는 한 입 크기로 자르고, 소스 재료와 함께 볼에 넣고 고루 섞어서 5분 동안 두어 간이 고루 배어들게 한다. 무와 양배추는 채 썰고, 양파는 얇게 썰어둔다.
2. 절인 가지는 수분을 가볍게 제거한 다음 얼레짓가루를 고루 묻혀 달군 팬에 참기름과 함께 넣어 바싹 튀긴다.
3. 그릇에 튀긴 가지와 무, 양배추, 양파를 먹음직스럽게 담아 낸다.

버섯토마토장국

세 가지 해독 채소로 즉석 국을 만들어요

재료(2인분)

표고버섯 3개(45g)

작은 토마토 1개(130g)

무말랭이 1꼬집

물 300ml

간장 2작은술

청주 1큰술

소금 약간

만드는 방법

1. 표고버섯은 얇게 썰고, 토마토는 숭덩숭덩 썬다. 무말랭이는 씻어서 먹기 좋은 크기로 썬다.
2. ①의 재료와 물을 냄비에 넣고 중간 불에서 끓인다. 물이 끓으면 약한 불에서 2분 동안 푹 끓인다.
3. 간장, 청주, 소금으로 간을 맞추고 불을 끈다.

연두부안닌도후*

연두부를 사용하면 안닌도후를 뚝딱 완성할 수 있어요

재료(2인분)

연두부 1/3모(100g)
생강 20g
맛술 100ml
구기자 10알

만드는 방법

1. 생강은 얇게 저민다.
2. 작은 냄비에 생강과 맛술을 넣고 중간 불에서 끓인다. 맛술이 끓어오르면 약한 불에서 5분 동안 푹 끓인 후 불을 끈다. 시럽의 열기가 식으면 냉장고에 넣어 차게 식힌다.
3. 연두부를 먹기 좋은 크기로 잘라서 그릇에 담고 시럽을 뿌린다. 구기자를 올려 장식한다.

* 안닌도후: 두부를 젤리 형태로 만든 일종의 일본식 디저트

연두부카르보나라
양배추토마토구이

연두부카르보나라 정식

크리미한 카르보나라는 인기 있는 메뉴지만 칼로리 때문에 신경이 쓰이지요. 그래서 두부와 콘, 마를 넣어 웰빙 스타일의 스파게티를 만들어보았어요. 해독 효과가 있는 채소를 사용해서 스파게티를 만들고, 채소 오븐구이를 함께 곁들였어요.

연두부카르보나라

무를 가늘게 썰어 넣어서 쉽게 포만감을 느낄 수 있어요

재료(2인분)

무 6cm(200g)
표고버섯 2개(30g)
무말랭이 1꼬집
양파 1/4개(50g)
스파게티 면 100g
양배추 1장
후추 적당량

소스

연두부 2/3모(200g)
크림콘 통조림 1/2컵
참마(간 것) 100g
시로미소(흰 된장) 4큰술

만드는 방법

1. 소스 재료는 푸드 프로세서에 넣고 부드럽게 뒤섞거나 볼에 넣고 거품기로 고루 뒤섞은 다음 냄비에 넣고 살짝 데운다.
2. 무는 스파게티 면과 똑같은 굵기가 되도록 가늘게 썬다. 표고버섯과 양파는 얇게 썰고, 무말랭이는 씻어서 먹기 좋은 크기로 썬다.
3. 스파게티 면을 삶다가 완전히 익기 1분 전에 무, 표고버섯, 무말랭이, 양파도 함께 넣어 삶는다.
4. 소스와 ③을 섞는다. 접시에 양배추를 깔고 그 위에 스파게티를 담는다. 마지막으로 후추를 뿌린다.

양배추토마토구이

핫 샐러드 느낌으로 즐길 수 있는 오븐구이에요

재료(2인분)

양배추 2장(100g)

토마토 1/2개(80g)

올리브유 2작은술

레몬즙 적당량

소금 1꼬집

후추 적당량

만드는 방법

1. 양배추와 토마토는 먹기 좋은 크기로 숭덩숭덩 썰어서 내열 용기에 담는다.
2. 180℃의 오븐에서 20분 동안 굽는다.
3. 올리브유, 레몬즙, 소금과 후추를 뿌려 낸다.

배추미소카레
우엉파프리카볶음
인도식 과일디저트

배추미소카레 정식

카레에 사용하는 향신료에는 몸을 차게 하는 작용이 있다고 해요. 더운 나라의 음식이라서 그렇긴 하겠지만, 냉증이 있는 사람에게는 좋지 않아요. 그래서 몸을 따뜻하게 하는 향신료를 넣어 카레를 만들어보았어요. 간단한 반찬과 디저트를 포함해도 579kcal인 저칼로리 정식이에요.

배추미소카레

여름에 먹어도 좋은 따뜻한 카레예요

재료(2인분)

배추 4장(400g)

토마토 중간 크기 1개(150g)

표고버섯 4개(60g)

무말랭이 1꼬집

청주 3큰술

아카미소(붉은 된장) 1½큰술

가람 마살라* 2/3작은술

밥 2공기 분량

만드는 방법

1. 배추와 토마토는 숭덩숭덩 썰고, 표고버섯은 얇게 썬다. 무말랭이는 씻어서 먹기 좋은 크기로 썬다.
2. 냄비에 손질한 채소와 청주, 아카미소를 넣고 뚜껑을 덮은 다음 불을 켠다. 김이 나기 시작하면 약한 불로 줄여서 15분 동안 끓인다. 배추가 부드러워질 때까지 뭉근히 끓인다.
3. 가람 마살라를 넣고 고루 휘저은 다음 불을 끈다.
4. 밥에 곁들여 담아 낸다.

* 가람 마살라: 매운 향신료의 혼합체로 인도의 대표적인 양념 중 하나

우엉파프리카볶음

우엉과 해독 채소를 넣어 만든 인도식 볶음 요리예요

재료(2인분)

큰 우엉 1/2대(70g)
파프리카 1/2개(75g)
양파 1/2개(100g)
무 1.5cm(50g)
양배추 1장(50g)
마늘 작은 것 1쪽
양겨자씨 2작은술
검은깨 2작은술
소금 1/2작은술
식용유 적당량

만드는 방법

1. 우엉, 파프리카, 무, 마늘은 잘게 썬다. 양파는 얇게 썰고, 양배추는 채 썬다.
2. 프라이팬에 식용유를 두르고 겨자씨와 검은깨를 넣어서 볶다가 익어서 튀어 오르기 시작하면 준비한 채소와 소금을 넣고 고루 뒤섞은 다음 뚜껑을 덮는다.
3. 약한 불에서 3~4분 동안 조리고, 우엉이 부드러워지면 불을 끈다.

인도식 과일디저트

아보카도에 들어 있는 비타민 E가 혈액 순환을 촉진해요

재료(2인분)

아보카도 1/2개

망고 1/2개

소금 1꼬집

커민 파우더* 1/4작은술

시나몬 파우더 1/4작은술

굵게 간 후추 1/4작은술

레몬즙 1큰술

만드는 방법

1. 아보카도와 망고는 한 입 크기로 자른다.
2. 모든 재료를 볼에 넣고 고루 뒤섞은 후 그릇에 담아낸다.

* 커민 파우더: 미나리과에 속하는 식물인 커민 씨를 이용해서 만드는 향신료. 인도 요리에 주로 쓰인다.

구루마후브라운스튜
갈릭샐러드
표고버섯페이스트

구루마후브라운스튜 정식

많은 사람이 좋아하는 스튜를 쇠고기 대신 구루마후를 사용해서 만들었어요. 보글보글 끓인 스튜와 해독 효과가 높은 샐러드를 만들고, 여기에 표고버섯페이스트를 만들어 빵에 곁들여 내면 몸속부터 맑아지는 웰빙 정식이 되지요.

* 얇게 썬 통밀빵 3장을 1인분으로 하여 총 칼로리를 계산했습니다.

구루마후브라운스튜

발사믹 식초를 살짝 넣어서 스튜의 풍미가 더욱 살아나요

재료(2인분)

- 큰 토마토 1개(200g)
- 양파 2/3개(150g)
- 무말랭이 2꼬집
- 구루마후 2개
- 토마토퓌레 2큰술
- 아카미소(붉은 된장) 1$\frac{1}{3}$큰술
- 발사믹 식초 2작은술
- 레드와인 1/2컵
- 밀가루 1큰술
- 올리브유 적당량

만드는 방법

1. 토마토와 양파는 먹기 좋은 크기로 썰고, 무말랭이는 씻어서 먹기 좋은 크기로 썬다. 구루마후는 물에 담가 불린다.
2. 냄비에 올리브유를 두르고 중간 불에서 밀가루를 볶다가 갈색이 되면 레드와인과 물 1컵을 넣어 묽게 푼다. 여기에 토마토, 양파, 무말랭이, 토마토퓌레를 넣고 채소가 부드러워질 때까지 뭉근히 끓인다.
3. ②에 아카미소와 발사믹 식초, 구루마후를 넣고 한소끔 끓인다. 완두콩이 있으면 위에 얹어 낸다.

갈릭샐러드

마늘이 포인트인 해독 채소 샐러드예요

재료(2인분)

무 1.5cm(50g)
양배추 1장(50g)
양파 1/4개(50g)
마늘 1쪽
올리브유 2작은술

소스

식초 1큰술
소금 1/4작은술

만드는 방법

1. 무와 양배추는 채 썬다. 양파는 얇게 썰고, 마늘도 얇게 저민다.
2. 볼에 무, 양배추, 양파를 넣고 고루 섞는다.
3. 프라이팬에 올리브유를 두르고 마늘을 볶는다. 바삭하고 노릇해질 때까지 볶은 다음 소스 재료를 넣는다. 식기 전에 ②의 볼에 고루 끼얹고 살짝 뒤섞는다.

표고버섯페이스트

표고버섯 향이 입 안 가득 퍼지는 맛있는 페이스트예요

재료(2인분)

표고버섯 4개(60g)
두부 1/3모(100g)
마늘 1/2쪽
올리브유 1큰술
소금 1/3작은술

만드는 방법

1. 표고버섯은 얇게 썰고, 두부는 물기를 완전히 뺀다. 마늘은 얇게 저민다.
2. 프라이팬에 올리브유를 두르고 표고버섯과 마늘을 볶는다.
3. 열이 식으면 푸드 프로세서나 믹서에 넣고 두부와 소금을 함께 넣어 페이스트 상태가 되도록 간다. 통밀빵과 함께 낸다.

마파양파 두부채소볶음 망고푸딩

마파양파 정식

두부 대신 해독 효과가 높은 양파를 듬뿍 넣어 만든 마파풍의 반찬이 메인 요리인 정식이에요. 다진 고기 대신 해독 효과가 높은 표고버섯을 잘게 다져서 넣었답니다. 채소볶음과 망고푸딩까지 함께 만들어 먹으면 든든한 한 끼 식사예요.

마파*양파

두부 대신 양파를 넣어 더욱 달달하고 맛있어요

재료(2인분)

양파 1개(200g)
표고버섯 6개(90g)
파 10cm(30g)
청주 1/2컵
얼레짓가루 1/2작은술

소스

미소된장 1작은술
두반장 1/4작은술
물 150ml

만드는 방법

1. 양파는 한 입 크기로 썰고, 표고버섯과 파는 잘게 다진다. 소스 재료를 고루 섞어 둔다.
2. 양파와 표고버섯, 파를 프라이팬에 넣고 청주를 부은 후 뚜껑을 덮고 불을 켠다. 청주가 끓으면 약한 불에서 3~4분 동안 양파가 부드러워질 때까지 조린다.
3. ②의 프라이팬에 소스를 붓고 한소끔 끓인다. 얼레짓가루를 3배의 물에 풀어 넣고 걸쭉하게 만든다.

* 마파: 고추기름, 두반장에 여러 재료를 넣고 조려 매콤한 맛을 내는 중국식 요리

두부채소볶음

육류 대신 얼린 두부를 사용해서 만든 웰빙 채소볶음이에요

재료(2인분)

고야도후(얼린 두부) 1장
무 1cm(30g)
얼레짓가루 적당량
피망 1개(30g)
양파 1/4개(50g)
작은 토마토 1개(100g)
생강 1쪽
파 10cm
양배추 1장(50g)
숙주나물 100g
무말랭이 1꼬집
참기름 적당량
얼레짓가루 1/2작은술(녹말물용)

간장물

간장 1작은술
물 50ml

맛국물

물 100ml
다시마차 1작은술
간장 1큰술
청주 2큰술

만드는 방법

1. 고야도후(얼린 두부)는 간장물에 담가서 불린 다음 얇게 썰어 얼레짓가루를 고루 묻힌다.
2. 피망과 무는 잘게 썰고, 양파와 토마토는 먹기 좋은 크기로

썬다. 생강과 파는 잘게 다지고, 양배추는 한 입 크기로 썬다. 무말랭이는 씻어서 먹기 좋은 크기로 썰고, 맛국물 재료는 고루 섞어둔다.

3. 프라이팬에 참기름을 두르고 생강과 파를 볶아 향을 낸 다음 ①의 두부를 넣어 볶는다. 준비한 채소를 넣고 함께 볶는다.
4. 채소가 숨이 죽기 전에 맛국물을 부어 한소끔 끓인다. 얼레짓가루 녹말물(얼레짓가루 : 물=1 : 3)을 넣어 걸쭉하게 만든다.

망고푸딩

한천을 넣어서 식이섬유가 풍부해요

재료(2인분)

작은 망고 1개(200g)
레몬즙 1작은술
물 1/2컵
한천가루 2g
메이플시럽 2큰술

만드는 방법

1. 망고의 절반은 굵게 다지고, 나머지 절반은 레몬즙과 함께 푸드 프로세서에 넣어 페이스트 상태가 되도록 간다.
2. 냄비에 물, 한천가루, 메이플시럽을 넣고 뒤섞어가며 중간 불에서 끓인다. 물이 끓으면 약한 불로 줄여서 30초 정도 더 끓이고 불을 끈다. 열이 식으면 ①의 망고페이스트를 넣어 고루 섞는다.
3. ②를 유리용기에 넣고 잘게 다진 망고를 뿌린 다음, 냉장고에 넣고 차게 식혀 굳힌다.

두부버섯피카타
토마토포타주
양배추비빔밥

두부버섯피카타 정식

일반적으로 피카타는 육류나 어류, 채소 등에 달걀 푼 것을 넣어서 굽는데, 이 정식은 달걀 대신 마를 사용했어요. 고야도후(얼린 두부)로 단백질도 섭취할 수 있고 식감도 좋은 먹음직스러운 음식이랍니다. 토마토포타주와 양배추를 듬뿍 넣은 비빔밥과 함께 드세요.

두부버섯피카타

표고버섯도 함께 구워 해독 효과를 높였어요!

재료(2인분)

고야도후(얼린 두부) 2장
물 1컵
소금 1/2작은술
표고버섯 4개(60g)
올리브유 적당량

튀김옷

참마(간 것) 100g
간장 1작은술

만드는 방법

1. 냄비에 고야도후(얼린 두부)와 물을 넣고 불을 켠다. 두부가 부드러워지면 소금을 넣고, 수분이 날아갈 때까지 뭉근히 조린다. 표고버섯은 밑동을 떼어내고, 튀김옷 재료는 고루 섞어둔다.
2. 준비한 두부와 표고버섯은 튀김옷을 입혀 프라이팬에 올리브유를 두르고 노르스름하게 굽는다. 양배추와 크레송이 있으면 함께 곁들여 낸다.

토마토포타주*

한천으로 식이섬유를 보충해요

재료(2인분)

중간 크기의 토마토 2개(300g)

무 1cm(30g)

양파 1/6개(30g)

무말랭이 1꼬집

올리브유 적당량

두유 1컵

한천가루 2작은술

소금 1/2작은술

만드는 방법

1. 토마토는 적당한 크기로 썰고, 무는 잘게 썬다. 양파는 얇게 썰고, 무말랭이는 씻어서 먹기 좋은 크기로 썬다.
2. 올리브유를 두르고 무, 양파, 무말랭이를 넣고 2~3분 동안 살짝 볶는다.
3. 나머지 재료와 함께 푸드 프로세서에 넣고 페이스트 상태가 되도록 간다. 이것을 다시 냄비에 넣고 한소끔 끓인 후 불을 끈다.

* 포타주: 부드러운 크림 형태의 수프로 농도가 짙고 걸쭉하다.

양배추비빔밥

밥을 적게 넣는 대신 양배추를 많이 넣어서 든든해요

재료(2인분)

작은 양배추잎 2장(80g)

올리브유 1작은술

소금 1/4작은술

후추 적당량

밥 200g

만드는 방법

1. 양배추는 사방 1cm 크기로 썬다.
2. 프라이팬에 올리브유를 두르고 ①의 양배추를 재빨리 볶은 다음 소금과 후추로 간을 맞춘다.
3. 볼에 ②와 밥을 넣고 고루 섞어서 그릇에 담아낸다.

마크림크로켓
카레맛 채소수프
토마토무샐러드

마크림크로켓 정식

쫀득한 맛이 일품인 크림크로켓이지만 동물성 식품인 우유는 사용하지 않아요. 감자 대신 참마를 사용하면 건강을 챙길 수 있는 쫀득하고 부드러운 크림크로켓이 된답니다. 해독 효과가 높은 매콤한 수프와 산뜻한 샐러드를 함께 만들어 드세요.

* 천연 효모빵 1개를 1인분으로 하여 총 칼로리를 계산했습니다.

마크림크로켓

오븐에 구워서 칼로리를 크게 낮췄어요

재료(2인분)

참마 200g
미소된장 2작은술
빵가루 적당량
올리브유 2작은술
양배추 · 당근 적당량

만드는 방법

1. 참마는 삶아서 포크 등으로 으깬다.
2. ①과 미소된장을 고루 섞은 다음 적당히 덜어서 크로켓 모양으로 빚는다. 크로켓에 빵가루를 골고루 묻힌다.
3. 오븐 팬에 쿠킹 시트를 깔고 ②를 올린 다음 올리브유를 끼얹고 250℃의 오븐에서 10분 동안 굽는다. 노르스름하게 구워지면 꺼내 그릇에 담아 낸다.
4. 양배추와 당근을 썰어 곁들인다.

카레맛 채소수프

해독 채소가 듬뿍 들어간 카레맛 수프예요

재료(2인분)

양배추 1장(50g)
표고버섯 2개(30g)
양파 1/6개(30g)
무말랭이 1꼬집
물 2컵
올리브유 적당량
소금 1/3작은술
카레가루 1작은술

만드는 방법

1. 양배추는 채 썰고, 표고버섯과 양파는 얇게 썬다. 무말랭이는 씻어서 먹기 좋은 크기로 썬다.
2. 냄비에 올리브유를 두르고 ①의 양배추, 표고버섯, 양파를 볶는다. 채소 숨이 죽으면 무말랭이를 넣어 고루 뒤섞어가며 볶고, 물을 부어 중간 불에서 푹 끓인다.
3. 물이 끓으면 약한 불로 줄여서 5분 동안 더 끓이고, 소금과 카레가루로 간을 한다.

토마토무샐러드

무에 들어 있는 아밀라아제 성분이 몸속에 쌓인 독소를 배출해요

재료(2인분)

토마토 중간 크기 1개(150g)

무 6cm(200g)

무말랭이 1꼬집

올리브유 2작은술

소금 1/4작은술

굵게 간 후추 1/2작은술

만드는 방법

1. 토마토는 먹기 좋은 크기로 썰고, 무는 강판에 간다. 무말랭이는 씻어서 먹기 좋은 크기로 썬다.
2. 모든 재료를 볼에 넣고 고루 섞어서 그릇에 담아 낸다.

두부코코트 쿠스쿠스콩샐러드 우엉빵

두부코코트 정식

달걀로 만드는 코코트를 두부로 만들었어요. 칼로리를 낮춘데다 버섯을 듬뿍 넣어서 식이섬유도 섭취할 수 있답니다. 우엉을 넣어 만든 빵은 변비 증상이 있을 때 먹으면 좋아요. 고운 피부를 만들려면 단백질 섭취가 중요하므로 콩샐러드로 단백질을 충분히 보충하세요.

두부코코트*

미니 코코트는 아침 식사로 먹기에 참 좋답니다

재료(2인분)		
	두부 1/3모(100g)	팽이버섯 50g
	표고버섯 3개(45g)	양파 1/4개(50g)
	냉동 스위트콘 2큰술	두유 4큰술
	식용유 적당량	미소된장 1큰술
	오쓰유후* 6개	

만드는 방법

1. 두부는 물기를 뺀다. 팽이버섯은 1cm 길이로 자르고, 표고버섯과 양파는 얇게 썬다. 오쓰유후는 거칠게 부순다.
2. ①의 재료는 식용유를 두른 팬에서 재빨리 볶는다.
3. 모든 재료를 볼에 넣고 포크로 고루 섞은 후 코코트 틀에 넣어 250℃의 오븐에서 10분 동안 노르스름하게 굽는다.

* 코코트: 작은 그릇에 달걀처럼 간단한 재료를 넣고 익힌 프랑스식 찜요리
* 오쓰유후: 밀가루에서 얻은 글루텐으로 만든 일본 식품인 후의 한 종류

쿠스쿠스콩샐러드

쿠스쿠스와 콩을 넣어 만든 식감이 좋은 샐러드예요

재료(2인분)

쿠스쿠스* 1/4컵
고수 적당량
물에 삶은 강낭콩 · 이집트콩 · 대두 각 10g씩
꼬투리 강낭콩 3개(30g)
방울토마토 3개(30g)
무말랭이 1꼬집
무 1cm(30g)
큰 양배추잎 1/2장(30g)

드레싱

잘게 다진 양파 2큰술
올리브유 1큰술
식초 1큰술
소금 1/4작은술

만드는 방법

1. 쿠스쿠스를 볼에 넣고 뜨거운 물 100ml를 고루 부은 다음, 뚜껑을 덮고 5분 동안 불린다. 꼬투리 강낭콩은 2분 정도 삶아 썰어둔다. 방울토마토는 반으로 자르고, 무말랭이는 씻어서 먹기 좋은 크기로 썬다. 무와 양배추는 사방 1.5cm 크기로, 고수는 먹기 좋은 크기로 썬다.
2. 드레싱 재료를 고루 섞은 뒤 채소와 섞는다.

* 쿠스쿠스: 파스타 재료로 쓰는 듀럼밀을 거칠게 갈아 찐 뒤 건조한 반죽 알갱이

우엉빵

식이섬유가 듬뿍 들어 있는 웰빙 빵이에요

재료(2인분)

우엉 1½대(180g)
밀가루 150ml
소금 1/4작은술

만드는 방법

1. 우엉은 강판에 간다. 우엉이 검어지는 것은 폴리페놀 때문이므로 불순물은 제거하지 않아도 된다.
2. 모든 재료를 볼에 넣고 스푼으로 고루 섞는다.
3. ②의 재료를 한 입 크기로 뭉친다. 오븐 팬에 쿠킹 시트를 깔고 빵 반죽을 올려 200℃의 오븐에서 20분 동안 굽는다.

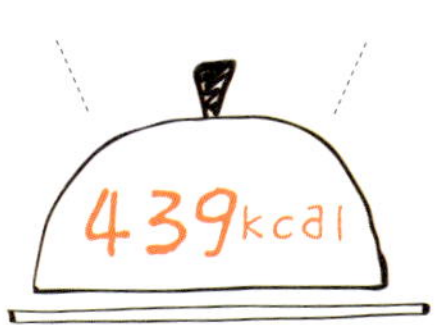

버섯두부페이스트샌드위치
무크림콘수프
복숭아두부아이스크림

버섯두부페이스트샌드위치 정식

리버페이스트*처럼 보이는 것은 바로 표고버섯과 두부로 만든 페이스트랍니다. 표고버섯의 향과 미소된장의 깊은 맛 덕분에 실제 리버페이스트 못지않은 맛이 나지요. 담백한 무크림콘수프를 함께 만들어 가벼운 런치를 즐기세요. 복숭아가 든 아이스크림을 함께 즐기는 것은 어떨까요?

* 리버페이스트: 소나 돼지 간을 쪄서 갈아 조미한 페이스트

버섯두부페이스트샌드위치

건강식이면서 깊은 풍미가 있어서 포만감이 배가돼요

재료(2인분)

표고버섯 5개(80g)	두부 1/3모(100g)
무말랭이 1꼬집	미소된장 1큰술
갈은 흰 참깨 2큰술	얼레짓가루 2작은술
큰 양배추잎 1장(80g)	토마토 1/2개(80g)
샌드위치용 식빵 6장	

만드는 방법

1. 표고버섯은 잘게 다지고, 두부는 물기를 뺀다. 무말랭이는 씻어서 잘게 다진다. 양배추는 큼직하게 손으로 찢고, 토마토는 7mm 두께로 썬다.
2. 표고버섯과 두부를 푸드 프로세서에 넣고 페이스트 상태가 되도록 간다.
3. ②의 페이스트와 무말랭이, 미소된장, 갈은 흰 참깨, 얼레짓가루를 작은 냄비에 넣고 중간 불에서 스푼으로 휘저어가며 가열한다. 수분이 날아가도록 고루 휘젓다가 부풀어 오르면 불을 끈다.
4. 식빵 위에 양배추, 페이스트, 토마토를 차례로 얹는다. 식빵을 덮어 샌드위치를 완성한다.

무크림콘수프

가볍고 부드러워 속이 더부룩할 때 먹으면 좋아요

재료(2인분)

무 3cm(100g)

양파 1/4개(50g)

두유 100ml

크림콘(크림스타일 옥수수) 통조림 100ml

간장 2작은술

만드는 방법

1. 무와 양파는 강판에 간다.
2. 모든 재료를 냄비에 넣고 한소끔 끓인 후 불을 끈다.

복숭아두부아이스크림

산뜻한 맛이 일품인 두부아이스크림이에요

재료(2인분)

연두부 1/2모(150g)
메이플시럽 1/2큰술
백도통조림 1/2개 분량

만드는 방법

1. 연두부와 메이플시럽을 볼에 넣고 스푼으로 고루 섞는다.
2. 백도를 사방 1cm 크기로 썰어 ①의 볼에 넣고 살짝 섞는다.
3. ②를 용기에 담아 냉동실에 2시간 정도 넣어두었다가 셔벗 상태가 되면 꺼내어 그릇에 담아낸다.

매운 채소바비큐
인도식 무빵
두유차이

매운 채소바비큐 정식

가끔은 매콤한 정식을 즐기는 것도 좋아요. 다양한 채소를 향신료와 어우러진 매콤한 양념에 재웠다가 노르스름하게 구운 인도식 바비큐가 메인 요리랍니다. 무를 넣어 웰빙 빵을 만들고, 생강을 넣은 두유차이로 냉증도 예방하세요.

매운 채소바비큐

매콤한 양념에 재운 채소를 구워서 만들어요

재료(2인분)

아삭이고추 6개(30g)
파프리카 1개(150g)
양파 1/2개(100g)
표고버섯 4개(60g)
양배추 2장(100g)

마리네이드소스

양파(간 것) 2/3개(150g)
간 생강 1/2큰술
토마토퓌레 3큰술
작은 토마토 1/3개 분량(50g)
칠리 파우더 1작은술
소금 1/4작은술

만드는 방법

1. 파프리카와 양파는 한 입 크기로 썰고, 표고버섯은 반으로 자른다. 마리네이드소스 재료를 모두 작은 냄비에 넣고 중간 불에서 잘 휘저으며 끓인다. 양이 반 정도로 줄어들 때까지 조려 소스를 완성한다.
2. 마리네이드소스에 손질한 채소를 넣어 1시간 정도 재운다.
3. 채소를 꼬치에 끼워 200℃의 오븐에서 20분 동안 굽는다. 그릇에 양배추를 깔고 그 위에 올려 낸다.

인도식 무빵

무를 갈아서 반죽한 웰빙 빵이에요

재료(2인분)

갈은 무 130g
강력분 $1\frac{1}{2}$컵
식용유 적당량

소

무(5mm 크기로 잘게 다진 것) 50g
무말랭이(씻어서 먹기 좋은 크기로 썬 것) 1꼬집 분량
간 생강 2작은술
소금 1/3작은술

만드는 방법

1. 무, 강력분을 볼에 넣고 고루 섞어 반죽한다. 소 재료도 고루 섞는다.
2. 반죽 절반을 떼어 늘린 다음 소를 넣고 둥글납작하게 빚는다. 같은 방법으로 하나 더 준비한다.
3. 프라이팬에 식용유를 두르고 빵을 올려 약한 불에서 양면이 노르스름해질 때까지 천천히 굽는다.

두유차이

생강을 넣어 만든 냉증에 좋은 음료예요

재료(2인분)

두유 1컵

물 1컵

홍차 잎 1큰술

얇게 썬 생강 2장

카르다몸* 파우더 1/2작은술

시나몬 파우더 약간

만드는 방법

1. 냄비에 물, 홍차 잎, 생강을 넣고 중간 불에서 끓인다. 물이 끓으면 약한 불에서 2분 동안 우려낸다. 두유와 카르다몸 파우더를 넣고 한소끔 더 끓인 후 불을 끈다.
2. 컵에 붓고 시나몬 파우더를 뿌린다.

* 카르다몸: 인도가 원산지인 생강과 식물의 일종으로 열매는 통째로 또는 가루로 만들어 향신료로 이용한다.

두부마그라탱
양배추양파수프
과일두부샐러드

두부마그라탱 정식

화이트소스는 건강을 생각해서 우유와 생크림이 아닌 마와 두부를 사용해 만들어요. 그라탱에 들어가는 재료들도 해독 효과가 큰 재료만을 골라 사용했답니다. 참마에는 식물성 섬유가 듬뿍 들어 있어 건강에 더욱 좋아요. 수프는 양파에 들어 있는 올리고당 덕분에 변비에 아주 좋답니다.

* 일반적인 빵 1인분의 칼로리를 더해 총 칼로리를 계산했습니다.

두부마그라탱

무와 표고버섯 맛이 살아 있는 일본식 그라탱이에요

재료(2인분)

무 3cm(100g)
작은 당근 1/4개(30g)
표고버섯 4개(60g)
아스파라거스 4대(100g)
월계수 잎 1장
소금 1/4작은술

화이트소스

참마(갈은 것) 100g
두부 1/3모(100g)
미소된장 1$\frac{1}{3}$큰술

만드는 방법

1. 무와 당근은 한 입 크기로 썰고, 표고버섯은 밑동을 떼어내고 갓 부분을 반으로 자른다. 아스파라거스는 먹기 좋은 크기로 썬다. 화이트소스 재료를 모두 볼에 넣고 두부를 으깨어가며 고루 섞는다.
2. ①의 무와 당근을 냄비에 넣고 물을 자박자박하게 부은 후 월계수 잎과 소금을 넣고 뚜껑을 덮어 중간 불에서 끓인다. 물이 끓어오르면 약한 불로 줄여서 5분 정도 더 끓이고, 표고버섯과 아스파라거스를 넣어 1분 정도 조린다.
3. 내열용기에 ②를 넣고 화이트소스를 끼얹어 250℃의 오븐에서 10분 동안 익힌다.

양배추양파수프

식물성 섬유와 올리고당이 듬뿍 들어 있어 변비 해소에 좋아요

재료(2인분)

양배추 1장(50g)

양파 1/2개(100g)

무말랭이 1꼬집

큰 토마토 1/4개(50g)

잘게 다진 생강 1/2큰술

소금 1/3작은술

올리브유 적당량

만드는 방법

1. 양배추는 채 썰고, 양파는 얇게 썬다. 무말랭이는 잘 씻어서 먹기 좋은 크기로 썰고, 토마토는 큼직하게 썬다.
2. 냄비에 올리브유를 두르고 ①의 양배추와 양파, 생강을 넣고 센 불에서 긴 나무젓가락으로 잘 섞어가며 볶다가 어느 정도 익으면 중간 불로 줄인다. 색깔이 노르스름해지면 약한 불로 줄이고 뚜껑을 덮은 후, 가끔 휘저으며 황갈색이 될 때까지 볶는다.
3. ②에 물 300ml와 토마토, 무말랭이를 넣고 중간 불에서 3분 정도 끓인 후 소금으로 간을 맞추고 불을 끈다.

과일두부샐러드

비타민 C와 단백질을 충분히 섭취할 수 있어 좋아요

재료(2인분)

딸기 50g　　키위 1개
사과 1/3개

두부드레싱

두부(물기를 빼서 으깬 것) 1/3모(100g)
레몬즙 1큰술　　소금 1/4작은술

만드는 방법

1. 딸기, 키위, 사과는 1.5cm 크기로 깍둑 썬다.
2. 드레싱 재료를 볼에 넣고 섞은 후 3분 정도 그대로 두어 간이 고루 배어들게 한다.
3. 접시에 ①의 과일을 담고 ②를 얹는다.

cooking point 1

칼로리 낮추는 조리법

가끔은 튀김 요리나 크림이 듬뿍 든 요리가 먹고 싶지만 칼로리가 신경 쓰여 망설이게 됩니다. 이럴 때 몇 가지 조리법을 이용하면 칼로리를 많이 낮출 수 있습니다.

살짝 튀기기

아주 적은 양의 식용유로 바싹 튀겨요

1인분 튀김 요리라면 식용유 1큰술 정도를 넣어 튀기듯이 구우세요. 식용유를 두르고 그 위에 재료를 살짝 얹어둔다는 느낌으로 튀기면 된답니다.

물로 볶기

식용유가 아닌 물로 볶아서 칼로리를 낮춰요

프라이팬에 물을 넣고 가열해서 끓어오르면 재료를 넣어 볶으세요. 물의 양은 식용유를 넉넉하게 둘렀을 때 정도로 넣으면 됩니다. 거기에 식용유를 몇 방울 떨어뜨리면 감칠맛이 더해지지요.

나중에 섞기

볶음밥이나 파스타는 볶아 놓은 재료를 섞으세요

볶음밥이나 파스타 등 쌀이나 면을 볶으면 식용유를 흡수해서 고칼로리가 된답니다. 쌀, 면 이외의 나머지 재료를 소량의 식용유로 미리 볶고 그것을 밥이나 면에 넣어서 섞으면 칼로리가 줄어들어요.

걸쭉하게 끓이기

스튜나 그라탱도 식용유 없이 만들어요

일반적으로 밀가루를 볶아서 만드는 화이트소스는 식용유를 사용하지 않고도 만들 수 있어요. 두유와 밀가루를 섞어서 한소끔 끓이면 부드러운 크림이 됩니다.

START!

chapter 3

특별한 날 스타일리시하게

프랑스 요리나 이탈리아 요리 등 코스 요리도 채소만 사용해서 만들 수 있어요. 변비와 부기 해소를 위해 해독에 효과가 있는 채소를 듬뿍 넣어서 만들어보세요. 뿐만 아니라 친구나 연인을 집에 초대했을 때 런치나 디너로 준비하면 사랑받을 요리입니다.

채소푸아그라구이
완두콩현미포타주
블랙커런트토마토셔벗

채소푸아그라구이 코스

프랑스 요리 중에서 맛있는 음식을 꼽으라면 역시 푸아그라를 빼놓을 수 없지요. 하지만 푸아그라는 고지방에 고칼로리 음식이라 신경이 쓰이게 마련이에요. 그래서 걱정 없이 푸아그라를 즐길 수 있는 100퍼센트 채소만 사용한 푸아그라 레시피를 소개합니다. 디저트까지 챙겨 먹어도 500kcal 정도라 부담이 없어요.

* 얇게 썬 바게트 빵 4장을 1인분으로 하여 총 칼로리를 계산했습니다.

채소푸아그라구이

푸아그라의 정체는 바로 으깬 토란이랍니다

재료(2인분)

토란 중간 크기 2개(150g)
흰 참깨 페이스트 2큰술
얼레짓가루 1큰술
자색 양파 1개
표고버섯 6개(90g)
미소된장 1큰술
올리브유 · 발사믹식초 적당량
토마토 1/2개(100g)

만드는 방법

1. 토란은 삶아서 으깨고 표고버섯은 얇게 썰어 프라이팬에 올리브유를 약간 두르고 재빨리 볶는다.
2. ①, 표고버섯, 흰 참깨 페이스트, 미소된장, 얼레짓가루를 푸드 프로세서나 믹서에 넣고 페이스트 상태가 되도록 간다.
3. 프라이팬에 올리브유를 약간 두르고, ②를 지름 5cm, 두께 2cm가 되도록 빚어서 노르스름하게 굽는다. 자색 양파는 얇게 썰어 접시에 깔고 그 위에 채소푸아그라를 얹고, 토마토를 잘게 썰어 뿌려 낸다. 마지막으로 발사믹 식초를 몇 방울 떨어뜨린다.

완두콩현미포타주

대사를 촉진하는 해독 수프를 만들어보세요

재료(2인분)

완두콩 1/3컵

현미밥 2큰술

무 2.5cm(80g)

양파 1/4개(50g)

큰 양배추잎 1/2장(30g)

물 300ml

소금 1/2작은술

만드는 방법

1. 무와 양파는 얇게 썰고 양배추는 채 썬다.
2. 냄비에 모든 재료를 넣고 끓인다. 물이 끓으면 약한 불에서 채소가 부드러워질 때까지 5분 동안 뭉근히 더 끓인 후 푸드 프로세서에 넣고 간다.
3. ②를 다시 냄비에 넣고 살짝 데워서 그릇에 담는다. 마지막으로 완두콩 몇 알(분량 외)을 뿌려 낸다.

블랙커런트토마토셔벗

항산화 작용에 탁월한 리코펜 성분으로 젊어지는 요리를 만드세요

재료(2인분)

블랙커런트*잼 2큰술

큰 토마토 1개(200g)

레몬즙 1작은술

만드는 방법

1. 토마토는 적당한 크기로 썰어서 푸드 프로세서나 믹서에 넣고 간다.
2. 모든 재료를 섞은 후 냉동실에서 차게 식히면서 굳힌다.

* 블랙커런트: '베리의 왕'으로 불리는 블랙커런트는 안토시아닌, 폴리페놀, 비타민 E 등 항산화 물질이 풍부한 열매. 최근 새로운 건강식품으로 등장해 화제가 되고 있는 식품으로 카시스로도 불린다.

구루마후크림조림 양송이버섯에스카르고 콩꼬투리샐러드

구루마후크림조림 코스

닭고기나 연어로 만든 크림조림도 좋지만, 폭신한 구루마후로 만든 크림조림도 맛있답니다. 맛도 맛이지만 생크림이 아닌 두유를 사용했기 때문에 칼로리가 낮아요. 전체 요리와 샐러드를 함께 먹어도 570kcal밖에 안 된답니다.

* 일반적인 빵 1인분의 칼로리를 더해 총 칼로리를 계산했습니다.

구루마후크림조림

저칼로리면서 깊은 맛이 있고 크리미해요

재료(2인분)

구루마후 2개
만가닥버섯 60g
표고버섯 4개(60g)
무말랭이 1꼬집
두유 1컵
시로미소(흰 된장) 2작은술
홀그레인 머스터드 2작은술

만드는 방법

1. 구루마후는 물에 담가서 불린 뒤 물기를 뺀다. 만가닥버섯은 밑동을 떼어 내고 먹기 좋은 크기로 손으로 뜯는다. 표고버섯은 얇게 썰고, 무말랭이는 씻어서 잘게 다진다.
2. 프라이팬에 두유와 시로미소를 넣고 중간 불에서 휘저으면서 가열한다. 시로미소가 풀리면 ①에서 준비한 재료를 넣고, 끓어오르면 약한 불로 줄여 4~5분 동안 더 끓인다.
3. 불을 끄고 홀그레인 머스터드를 섞어 그릇에 담는다.

양송이버섯에스카르고*

버섯의 향과 식감은 에스카르고 이상의 맛이에요

재료(2인분)

양송이버섯 10개(100g)

소스

잘게 다진 양파 50g(양파 1/4개)

잘게 다진 무 30g(무 1cm)

잘게 다진 토마토 30g(토마토 1/5개)

잘게 다진 파슬리 1/2컵

올리브유 1큰술

소금 1/2작은술

빵가루 1큰술

다진 마늘 약간(마늘 1쪽 분량)

만드는 방법

1. 양송이버섯은 반으로 자르고, 소스 재료는 고루 섞는다.
2. 내열용기에 양송이버섯을 넣고 그 위에 소스를 얹는다. 250℃의 오븐에서 10분 동안 굽는다.

* 에스카르고: 프랑스를 대표하는 달팽이 요리

콩꼬투리샐러드

식감도 좋고 든든하게 먹을 수 있는 샐러드예요

재료(2인분)

콩꼬투리 20개(200g)

작은 감자 2개(200g)

드레싱

소금 1/2작은술

식초 2큰술

올리브유 1큰술

만드는 방법

1. 콩꼬투리는 흐물흐물해질 때까지 잘 삶는다. 감자는 삶아서 껍질을 벗기고 한 입 크기로 썬다.
2. 삶은 꼬투리와 감자를 볼에 넣고 드레싱 재료를 넣어 버무린 다음 그릇에 담아 낸다.

시원한 토마토파스타
버섯아쿠아파차
버섯루콜라샐러드

토마토파스타 코스

이탈리아 요리는 해독 효과가 뛰어난 토마토를 주재료로 사용하는 것이 많아요. 토마토뿐만 아니라 채소를 풍부하게 넣어서 더욱 건강하게 만든 요리를 소개합니다. 버섯이 많이 들어간 코스 요리여서 식이섬유도 충분히 섭취할 수 있어요.

시원한 토마토파스타

몸속 염분 배출을 촉진하는 칼륨이 풍부한 파스타예요

재료(2인분)

큰 토마토 1개(200g)

카펠리니 면 100g

바질 3장

올리브유 1큰술

소금 · 후춧가루 적당량

만드는 방법

1. 토마토는 뜨거운 물에 살짝 데쳐 껍질을 벗기고 절반은 푸드 프로세서에 넣어 페이스트 상태가 되도록 간다. 바질 잎을 잘게 썰어 넣고 올리브유를 넣어 고루 섞어 소스를 만든다. 토마토 절반은 1cm 크기로 썰어 소스에 섞어둔다.
2. 카펠리니를 봉지에 적힌 시간보다 조금 더 오래 삶는다. 삶아지면 체에 밭쳐서 흐르는 물로 헹구고, 얼음물로 차게 식힌 뒤 물기를 뺀다.
3. 카펠리니와 소스를 볼에 넣어 고루 섞은 다음, 소금과 후춧가루로 간하여 그릇에 담아 낸다.

버섯아쿠아파차*

식이섬유가 풍부한 저칼로리 메뉴예요

재료(2인분)

새송이버섯 100g
만가닥버섯 50g
표고버섯 50g
큰 토마토 1개(200g)
마늘 1쪽
화이트와인 160ml
소금 1/2작은술
올리브유 적당량

만드는 방법

1. 새송이버섯은 5mm 두께로 썬다. 만가닥버섯은 밑동을 떼고 먹기 좋은 크기로 뜯는다. 표고버섯은 2cm 크기로, 토마토는 적당한 크기로 썬다. 마늘은 잘게 다진다.
2. 프라이팬에 올리브유를 두르고 중간 불에서 새송이버섯을 익힌다. 양면이 노릇하게 익으면 마늘을 넣어 향을 낸 뒤 나머지 재료를 모두 넣고 뚜껑을 덮어서 찐다.
3. 3분 정도 지나면 불을 끄고 그릇에 담아 낸다.

* 아쿠아파차: 마늘과 토마토로 맛을 낸 이탈리아식 조림 요리

버섯루콜라샐러드

표고버섯으로 베이컨 맛을 낸 가벼운 샐러드예요

재료(2인분)

표고버섯 4개(60g)
케첩 2작은술
올리브유 적당량
루콜라 20g
무 1cm(30g)
양파 1/6개(30g)
무말랭이 1꼬집
식초 1큰술
소금 1꼬집

만드는 방법

1. 표고버섯은 얇게 썰어 올리브유를 두른 팬에서 바삭하게 굽고 케첩을 묻혀 둔다. 루콜라는 적당한 크기로 썰고, 무는 잘게 썬다. 양파는 얇게 썰고, 무말랭이는 식초와 소금을 뿌려 3분 동안 절인다.
2. 모든 재료를 고루 섞어 그릇에 담아 낸다.

뿌리채소튀김
새송이버섯카르파초
연두부티라미수

뿌리채소튀김 코스

이탈리아식 튀김은 바삭바삭하고 맛이 있어서 인기 있는 메뉴예요. 튀김옷에 맥주를 사용하는 것이 포인트랍니다. 생선 대신 새송이버섯을 넣은 카르파초 그리고 걸쭉하면서도 깊은 맛이 있는 두부티라미수도 코스에 넣어서 함께 드세요. 튀김 요리로 식감을 살렸기 때문에 바게트는 30g 정도만 함께 드시면 된답니다.

* 얇게 썬 바게트 2장, 그리시니(긴 막대 모양으로 된 이탈리아 빵으로 수분 함량이 적어 딱딱하나 담백하고 짭조름한 맛이 남) 3개를 1인분으로 하여 총 칼로리를 계산했습니다.

뿌리채소튀김

무가 들어 있어 소화를 촉진하고, 식이섬유도 듬뿍 들어 있어요

재료(2인분)

무 1cm(25g)
작은 표고버섯 1개(25g)
작은 연근 1/6마디(25g)
우엉 1/6대(25g)
당근 중간 크기 1/6개(25g)
올리브유 적당량
레몬 적당량
양배추잎 1장

튀김옷

맥주 1/2컵
밀가루 1/2컵
소금 1/2작은술
잘게 다진 파슬리 1작은술

만드는 방법

1. 버섯은 한 입 크기로 썬다. 무, 연근, 우엉, 당근은 3분 동안 찐 다음 한 입 크기로 썬다. 양배추는 채썬다.
2. 튀김옷 재료를 섞어서 반죽을 만든다.
3. 달군 프라이팬에 올리브유를 넉넉히 두르고 각각의 채소는 튀김옷을 입혀 바싹 튀긴다. 레몬과 양배추를 곁들여 접시에 담아 낸다.

새송이버섯카르파초*

새송이버섯은 칼륨이 풍부해서 부기를 빼는 데 좋아요

재료(2인분)

새송이버섯 150g
마늘 1쪽

드레싱

양파 1/4개 분량(50g)
잘게 다진 파슬리 1큰술
토마토(5mm 크기로 썬 것) 1/2개 분량(75g)
무말랭이 1꼬집 분량
식초 1큰술
올리브유 1큰술
소금 1/4작은술
후추 약간

만드는 방법

1. 새송이버섯은 얇게 썰어서 살짝 데친다. 접시에 마늘을 반으로 잘라 문질러서 향을 낸다.
2. 양파와 무말랭이는 잘게 썰고, 토마토는 사방 5mm 크기로 썬다.
3. 드레싱 재료를 모두 넣어 고루 섞는다.
4. 새송이버섯을 ①의 접시에 빙 둘러서 깔고 드레싱을 끼얹는다.

* 카르파초: 얇게 썬 쇠고기나 생선 등에 소스를 뿌리고 채소를 얹은 이탈리아 요리

연두부티라미수

치즈를 사용하지 않아 다이어트 중에도 안심하고 먹을 수 있어요

재료(2인분)

그래놀라 3큰술
코코아 파우더 적당량

페이스트

연두부 1/6모(50g)
참마(간 것) 35g
메이플시럽 1작은술

커피액

인스턴트커피 1/2큰술
물 30ml
메이플시럽 1작은술

만드는 방법

1. 페이스트 재료를 푸드 프로세서에 넣고 간다. 커피액 재료는 고루 섞는다.
2. 그릇에 그래놀라 절반을 깔고 커피액을 반 정도 뿌린 후, 페이스트 절반을 부어 넣는다. 그 위에 나머지 그래놀라를 얹고 커피액을 뿌린 다음 남은 페이스트를 부어서 티라미수 층을 만든다.
3. 코코아 파우더를 뿌린다.

두부사테
타이식 간단 볶음밥
타피오카밀크

두부사테 코스

타이식 요리는 채소가 많이 들어가 그 자체로도 웰빙 스타일이지만, 채소만 넣어서 만들면 칼로리를 더욱 낮출 수 있답니다. 인도네시아식 꼬치 요리인 사테*도 두부를 넣어 채소 버전으로 만들었어요. 볶음밥에도 식용유를 조금만 사용했기 때문에 코스로 먹더라도 칼로리는 그리 높지 않아요.

* 사테: 꼬치에 각종 재료를 끼워서 먹는 인도네시아 전통 요리

두부사테

저칼로리면서 이소플라본도 섭취할 수 있는 일석이조 레시피!

재료(2인분)

두부 180g

양념장

커민 파우더 1작은술
간장 2작은술
칠리 파우더 1/4작은술
다진 마늘 1작은술

소스

흰 참깨 페이스트 1큰술
두유 $1\frac{1}{3}$큰술
미소된장 2작은술
커민 파우더 1/2작은술
잘게 다진 양파 2큰술
잘게 다진 고수 뿌리 1/2작은술

만드는 방법

1. 두부는 큼직하게 썰어 물기를 제거한 다음 전분을 묻혀 기름에 튀긴다. 튀긴 두부는 키친타월에 올려 기름기를 제거하고 먹기 좋은 크기로 손으로 자른다. 양념장 재료를 고루 섞은 다음 두부에 고루 발라서 30분 동안 재운다. 소스 재료는 고루 섞는다.
2. ①의 두부를 꼬치에 끼워 220℃의 오븐에서 6~7분 동안 노르스름해질 때까지 굽는다. 소스를 곁들여 낸다.

타이식 간단 볶음밥

밥을 조금 넣는 대신 볶음밥 재료를 듬뿍 넣어 식감을 살렸어요

재료(2인분)

무 2cm(60g)
피망 1개(30g)
양파 1/4개(50g)
표고버섯 2개(30g)
두부 1/3모(100g)
마늘 1쪽
식용유 1작은술
밥 150g
고수 적당량
적채 30g

볶음 양념장

미소된장 1/2큰술
간장 1큰술
잘게 다진 청양고추 1개 분량
무말랭이(잘게 다진 것) 1꼬집 분량

만드는 방법

1. 무, 피망, 양파, 표고버섯은 굵게 다진다. 두부는 물기를 빼고, 마늘은 잘게 다진다. 양념장 재료를 고루 섞는다.
2. 프라이팬에 식용유를 두르고 두부를 으깨어가며 볶아 접시에 담아둔다.
3. 프라이팬을 깨끗하게 닦고 ①의 채소를 넣어서 볶다가 양념장을 넣어 간을 맞춘다. 수분이 날아가면 볶은 두부를 넣어 고루 섞는다.

4. ③을 볼에 넣고 따뜻한 밥을 넣어 고루 섞은 뒤 접시에 담는다. 해독 효과가 높은 고수와 적채를 함께 곁들여 낸다.

타피오카밀크

칼륨이 듬뿍 든 코코넛밀크로 부기를 빼세요

재료(2인분)

타피오카 1/5컵

코코넛밀크 80ml

두유 100ml

메이플시럽 1큰술

만드는 방법

1. 끓는 물에 타피오카를 넣고 투명해질 때까지 15분 정도 삶은 뒤 건져 찬물에 식힌다.
2. 코코넛밀크, 두유, 메이플시럽을 고루 섞어서 냄비에 붓고, 가열해서 녹인다. 불을 끈 후 열이 식으면 냉장고에 넣어 차게 식힌다.
3. ①과 ②를 고루 섞어 그릇에 담아 낸다.

오크라그린카레
타이식 당면샐러드
일식 두부간모볶음

오크라그린카레 코스

코코넛밀크를 사용하는 타이식 카레도 식물성 재료만으로 손쉽게 만들 수 있답니다. 해독 효과가 있는 재료를 듬뿍 넣은 당면샐러드와 바질볶음도 함께 만들어 식감이 살아 있는 타이식 요리 코스를 즐겨보세요.

오크라그린카레

오크라에 들어 있는 무틴이 변비 해소를 도와요

재료(2인분)

오크라* 20개(160g)
양파 1/4개(50g)
소금 1/2작은술
밥 2공기 분량(280g)

페이스트

아삭이고추 5개(50g)
잘게 다진 고수 뿌리 1/2큰술
마늘 1쪽 분량
코코넛밀크 50ml
두유 200ml
카레가루 2작은술

만드는 방법

1. 오크라는 한 입 크기로 썰고, 양파는 채 썬다. 페이스트 재료를 푸드 프로세서에 넣고 간다.
2. 페이스트를 냄비에 넣고 불을 켠 다음 오크라와 양파를 넣고 중간 불에서 끓인다. 끓어오르면 약한 불로 줄여 3분 동안 더 끓인다. 오크라가 부드러워지면 소금으로 간을 맞춘다.
3. ②를 밥에 곁들여 담고, 고수(분량 외)를 썰어 얹어 낸다.

* 오크라: 인도, 동남아시아 등의 열대지역 및 아열대 지역에서 재배되는 과채류. 비타민 C 및 각종 미네랄 성분이 풍부하다.

타이식 당면샐러드

채소가 듬뿍 든 타이식 웰빙 샐러드예요

재료(2인분)

당면 30g
무 1.5cm(50g)
양파 1/4개(50g)
토마토 중간 크기 1/3개(50g)
양배추 큰 것 1/2장(30g)
표고버섯 작은 것 4개(50g)

드레싱

물 2큰술
레몬즙 1큰술
간장 1큰술
잘게 다진 무말랭이 1꼬집 분량
청양고추 1개 분량
잘게 다진 마늘 1/4작은술
잘게 다진 고수 뿌리 1작은술

만드는 방법

1. 무는 잘게 썰고, 양파와 양배추는 얇게 채 썬다. 토마토는 적당한 크기로 썰고, 표고버섯은 잘게 다져서 볶는다.
2. 드레싱 재료를 고루 섞어서 볼에 담아둔다.
3. 당면과 무는 삶아 준비한다.
4. 드레싱 볼에 모든 재료를 넣고 고루 섞은 다음 그릇에 담아 낸다.

일식 두부간모볶음

닭고기나 오뎅 대신 간모도키를 사용해서 식감이 더욱 좋아요

재료(2인분)

두부간모(간모도키)* 80g　바질 5장
양파 1/4개(50g)　청양고추 1개
파프리카(빨간색 · 노란색) 각 1/4개(40g)

양념장

간장 1/2큰술　미소된장 1작은술

만드는 방법

1. 두부간모는 기름기를 제거하고, 2cm 크기로 썬다. 양파는 잘게 다지고, 파프리카는 2cm 크기로 깍둑 썬다. 청양고추는 송송 썰고, 바질은 굵게 썬다.
2. 양파와 청양고추를 물로 볶은(142쪽 참고) 뒤 두부간모와 파프리카를 넣어 함께 볶는다. 양념장으로 간을 맞추고 바질을 넣고 섞은 다음 불을 끈다.

* 두부간모(간모도키): 으깬 두부에 다진 채소, 해산물 등을 넣어 튀긴 일본식 음식. 두부 물기를 빼고 으깬 다음 각종 자투리 채소를 잘게 다져 넣고 치대 적당한 크기의 모양으로 빚는다. 이를 기름을 넉넉히 두른 프라이팬에서 튀기듯이 볶아내 간모도키를 완성, 냉동실에 보관하면서 탕이나 볶음요리에 활용한다.

곤약부추전
곤약무침
양파무말랭이김치

곤약부추전 코스

한식 요리는 육류를 많이 사용하는 것처럼 보이지만 무침이나 김치, 샐러드 등 채소를 많이 사용해요. 채소 소비량은 일본의 2배가량 된다고 해요. 이런 웰빙 스타일의 한식 요리에 해독 기능을 갖는 채소를 가미하면 다이어트뿐만 아니라 피부 미용에도 좋아요.

* 밥 1공기분의 칼로리를 더해 총 칼로리를 계산했습니다.

곤약부추전

식이섬유가 풍부한 곤약을 넣어 변비에 좋아요

재료(2인분)

곤약 150g

부추 50g

표고버섯 3개(45g)

감자 큰 것 1개(160g)

얼레짓가루 4큰술

참기름 적당량

만드는 방법

1. 곤약은 살짝 데쳐서 얄팍하게 썰고, 부추는 먹기 좋은 크기로 썬다. 표고버섯은 얇게 썰고, 감자는 강판에 간다.
2. ①의 재료와 얼레짓가루를 볼에 넣고 고루 섞는다.
3. 프라이팬에 참기름을 두르고 반죽의 절반씩을 얇게 펼쳐 앞뒤로 바싹 굽는다.
4. 초간장 등의 양념장을 만들어 곁들여 낸다.

곤약무침

곤약을 회무침처럼 만들어 먹으면 피부 미인이 될 수 있어요

재료(2인분)

흰 곤약 150g

무 1.5cm(50g)

파 1/2대(50g)

청주 2큰술

양념장

고추장 1$\frac{1}{3}$큰술

미소된장 · 식초 1$\frac{1}{3}$큰술씩

만드는 방법

1. 흰 곤약을 잘게 썰어서 냄비에 넣고 청주를 부어 중간 불에서 볶는다. 무는 잘게 썰고, 파는 어슷하게 썬다. 양념장은 재료를 섞어 준비한다.
2. 모든 재료를 섞고 30분 동안 그대로 두어 간이 배어들게 한다.

양파무말랭이김치

해독 효과가 높은 매콤한 즉석 김치랍니다

재료(2인분)

양파 1/4개(50g)
무말랭이 1/2컵
쪽파 2대
마늘 1/2쪽
잘게 다진 생강 1작은술
매실장아찌(우메보시)* 1개
고추장 1작은술
참기름 1작은술

만드는 방법

1. 양파는 얇게 썰고, 무말랭이는 씻어서 먹기 좋은 크기로 썬다. 쪽파는 송송 썰고, 마늘은 강판에 간다. 매실장아찌는 씨를 제거하고 식칼로 과육을 다져서 으깬다.
2. 볼에 모든 재료를 넣고 고루 섞은 후 5분 이상 그대로 두어 간이 고루 배어들게 한다.

* 매실장아찌(우메보시): 소금에 절인 매실과 차조기잎(자소)을 혼합한 후 색과 향, 신맛이 고루 잘 들도록 돌로 지그시 눌러 뚜껑을 덮고 서늘한 곳에 보관하면서 맛을 숙성시킨 장아찌. 일식 식재료인 우메보시를 사용하는 편이 수월하다.

당면냉면
즉석 유자차
모둠 채소전

당면냉면 코스

인기 만점인 냉면을 당면으로 만들어보았어요. 전에는 채소를 듬뿍 넣었답니다. 원래 식감도 좋고 담백한 코스 요리이지만 변비와 부기를 해소하는 데에도 도움이 되는 채소를 넣어 만들었어요. 물론 칼로리도 500kcal 이하랍니다.

당면냉면

당면의 원료인 녹두에는 부기를 빼는 효과가 있어요

재료(2인분)

양파 1/4개(50g)

무 1.5cm(50g)

토마토 큰 것 1/4개(50g)

무말랭이 1꼬집

물 4컵

식초 3큰술

맛술 3큰술

다시마차 2작은술

자른 미역 3큰술

당면 100g

만드는 방법

1. 양파는 얇게 썰고, 무는 잘게 썬다. 토마토와 무말랭이는 먹기 좋은 크기로 썬다.
2. 당면을 제외한 나머지 재료를 볼에 넣고 고루 섞은 뒤 냉장고에 넣어 차게 만든다.
3. 당면을 삶아서 흐르는 물에 헹군 후 ②와 함께 그릇에 담아 낸다.

즉석 유자차

뜨거운 물을 부어 마시면 비타민 C를 충분히 섭취할 수 있어요

재료(2인분)

유자 과즙 50ml

메이플시럽 2큰술

유자 껍질 약간

만드는 방법

1. 유자 과즙에 메이플시럽을 섞는다.
2. 냄비에 물 300ml를 넣고 끓인 뒤 유자 과즙을 넣어 한소끔 더 끓이고 불을 끈다.
3. 유자를 구매했다면 껍질을 잘게 썰어 두었다가 차를 낼 때 띄워 낸다.

모둠 채소전

다양한 채소를 넣어 만든 고소한 채소전이에요

재료(2인분)

식용유 · 양배추 적당량

토란전

토란(삶아서 으깬 것) 작은 것 2개(120g)

구운 김(잘게 부순 것) 1장 분량

얼레짓가루 1큰술

죽순전

삶은 죽순(간 것) 120g 얼레짓가루 2큰술

소금 1/4작은술

연근전

연근(간 것) 작은 것 4/5마디(120g)

표고버섯(잘게 다진 것) 2개 분량(30g)

얼레짓가루 1큰술 소금 1꼬집

만드는 방법

1. 전 각각의 재료를 각기 다른 볼에 넣고 고루 섞는다.
2. 프라이팬에 식용유를 두르고 전 반죽을 각각 한 입 크기로 덜어 바삭하게 굽는다. 양배추를 곁들여 낸다.

cooking point 2

자투리 채소로 만든 해독수프 7가지

요리하고 나면 재료가 남을 때가 있지요. 이럴 때는 남은 재료를 사용해 수프를 만들어보세요. 특별한 것이 없더라도 수프가 있으면 한 끼 식사가 될 수 있어요. 밥이나 빵이 있다면 수프와 함께 먹어요. 간단한 식사나 늦은 밤 야식으로 먹어도 손색이 없습니다.

양배추가 조금 남았다면

양배추토마토수프

양배추 1장을 적당한 크기로 썰어 냄비에 넣고 물 50ml, 토마토주스 100ml, 칠리 파우더와 소금을 1/4작은술씩을 넣고 5~6분 정도 푹 끓인다.

무가 조금 남았다면

무매실장아찌수프

무 30g은 채 썰고, 매실장아찌(우메보시)는 과육을 다져서 으깬다. 마늘 약간, 물 1컵과 함께 냄비에 넣고 살짝 끓인 다음 불을 끈다.

시금치가 조금 남았다면

시금치카레수프

데친 시금치 100g과 잘게 다진 생강 1작은술에 물 1컵을 붓고 끓인다. 소금 1/4작은술, 카레가루 1작은술로 간을 맞추고 믹서에 간다.

배추가 조금 남았다면

배추수프

배추 1장을 적당한 크기로 썰고, 여기에 간 생강과 다진 마늘 약간씩, 물 1컵, 염장다시마 1큰술을 넣어 푹 끓인다. 고추장을 약간 넣어 간을 맞춘다.

양파가 조금 남았다면

양파크림스튜

물 50ml에 양파 1/2개를 적당한 크기로 썰어 넣고 푹 끓인다. 여기에 두유 1컵과 시로미소 1큰술, 밀가루 1/2큰술을 고루 섞고 한소끔 더 끓인다.

숙주나물이 조금 남았다면

숙주나물탕

숙주나물 80g, 다시마차 1작은술, 고추기름 1/2작은술, 다진 마늘과 간 생강 각 1/4작은술씩, 물 1컵을 냄비에 넣고 끓인다. 식초 1큰술을 넣는다(식초의 신맛과 고추와 후추의 매운 맛을 섞어서 만든 중국식 수프로 산라탕이라 함).

START!

chapter 4

증상별 맞춤 해독요리

변비와 부기, 거친 피부, 여드름, 냉증 등 여성이라면 누구나 한 번쯤은 겪어본 이 증상들도 채소를 섭취하면 개선하는 효과가 있답니다. 해독 효과뿐만 아니라 부기, 변비 등의 고민을 해소하는 데 도움이 되는 해독요리를 소개합니다.

현미우엉리조토
팥된장볶음
호박단팥죽

부기 확 빼는 해독식단

해독요리에 사용하는 기본 채소도 칼륨이 풍부해서 부기를 빼는 데 효과적이지만, 아무리 노력해도 부기가 잘 빠지지 않는다면 신장의 활동을 돕는 팥을 정식 재료로 사용해보세요. 부기의 원인이 되는 냉증을 해소하려면 뿌리채소를 많이 사용해 요리하는 것이 좋습니다.

현미우엉리조토

뿌리채소로 몸을 따뜻하게 해서 부기를 방지해요

재료(2인분)

우엉 2/3대(80g)
무말랭이 1꼬집
무 1cm(30g)
표고버섯 3개(45g)
토마토 중간 크기 1개(150g)
현미밥 160g
미소된장 1큰술
올리브유 1작은술

만드는 방법

1. 우엉은 어슷하게 썰고, 무말랭이는 씻어서 먹기 좋은 크기로 썬다. 무와 표고버섯은 얇게 썰고, 토마토는 먹기 좋은 크기로 썬다.
2. 냄비에 올리브유를 두르고 우엉, 무말랭이, 무, 표고버섯을 볶다가 재료의 숨이 죽으면 토마토를 넣고 물 200ml를 넣어 끓인다.
3. 물이 끓으면 약한 불로 줄이고 현미밥, 미소된장을 넣고 3분 동안 더 끓인 뒤 불을 끈다.

팥된장볶음

다져 넣은 팥이 다진 고기의 맛을 대신하고 부기를 개선해요

재료(2인분)

- 삶은 팥 1/2컵
- 표고버섯 3개(45g)
- 마늘 · 생강 각 1쪽
- 청주 2큰술
- 맛술 1작은술
- 양배추잎 2장(100g)
- 양파 1/4개(50g)
- 파 10cm(30g)
- 참기름 적당량
- 두반장 1/4작은술
- 미소된장 1작은술

만드는 방법

1. 삶은 팥, 양파, 표고버섯은 굵게 다지고, 파와 마늘, 생강은 잘게 다진다.
2. 프라이팬에 참기름을 두르고 파와 마늘, 생강을 볶아 향이 나기 시작하면 양파를 넣어 함께 볶는다. 양파가 투명해지면 팥과 표고버섯을 넣어 함께 볶다가 청주를 붓고 조금 더 볶는다.
3. 두반장, 맛술, 미소된장으로 간을 맞추고 불을 끈다. 양배추를 접시에 적당한 크기로 손으로 찢어 곁들인다.

호박단팥죽

혈액 순환을 촉진하는 호박과 부기 해소에 좋은 팥으로 만들어요

재료(2인분)

삶은 팥 1/2컵
호박 50g
소금 1/4작은술

만드는 방법

1. 호박은 한 입 크기로 썰어 준비한다.
2. 냄비에 삶은 팥과 한 입 크기로 썬 호박, 물 150ml를 넣고 끓인다.
3. 물이 끓어오르면 약한 불로 줄여서 5분 동안 끓인 후, 호박을 건져내고 국자로 냄비 안에서 팥을 살짝 으깬다.
4. 다시 호박을 넣고, 소금으로 간을 맞춘다.

POINT 팥 껍질에 들어 있는 사포닌 성분이 중성 지방과 콜레스테롤 수치를 낮춘다.

생강주먹밥
우엉양파된장조림
매실장아찌양배추수프

냉증 예방하는 해독식단

요즘에는 추운 겨울뿐만 아니라 여름에도 지나친 냉방 탓에 냉증으로 고생하는 여성이 늘고 있어요. 생강과 매실장아찌, 뿌리채소, 미소된장 등 몸을 따뜻하게 하는 식재료를 많이 사용한 음식으로 냉증을 예방하세요. 생채소는 몸을 차게 만들기 때문에 되도록 피하는 것이 좋아요.

생강주먹밥

생강은 미리 조려 두었다가 음식을 만들 때 사용하면 좋아요

재료(2인분)

생강 50g
맛술 2큰술
청주 2큰술
간장 1큰술
밥 2공기 분량

만드는 방법

1. 생강은 굵게 다진다.
2. 냄비에 생강, 맛술, 청주, 간장을 넣고 중간 불에서 가열한다. 끓어오르면 약한 불로 줄이고 긴 나무젓가락으로 휘저으며 수분이 날아갈 때까지 볶는다.
3. 밥에 ②를 넣고 섞어 주먹밥을 만든다.

POINT 볶은 생강은 냉장고에서 3일 정도 보관 가능하다.

우엉양파된장조림

몸을 따뜻하게 하는 뿌리채소를 섭취할 수 있어요

재료(2인분)

우엉 1/2대(70g)
양파 1/4개(50g)
무 1.5cm(50g)
참기름 적당량
미소된장 · 맛술 1큰술씩
간 생강 1작은술
검은깨 1큰술

만드는 방법

1. 우엉과 무는 잘게 썰고, 양파는 얇게 썬다.
2. 프라이팬에 참기름을 두르고 ①의 채소를 볶다가 숨이 죽으면 미소된장, 맛술, 생강으로 간을 한다. 마지막으로 검은깨를 넣어 섞는다.

매실장아찌양배추수프

구운 매실장아찌는 냉증뿐 아니라 감기에도 효과적이랍니다

재료(2인분)

매실장아찌(우메보시) 2개
양배추잎 1장(50g)
간 생강 1작은술

만드는 방법

1. 매실장아찌는 껍질이 검은색으로 변할 때까지 석쇠에서 굽는다. 양배추는 얇게 채 썬다.
2. 물 300ml를 끓여서 양배추를 넣고 3분 동안 삶다가 구운 매실장아찌를 넣고 긴 나무젓가락으로 찔러서 과육을 푼다. 생강을 넣고 불을 끈다.

POINT 여름 채소는 몸을 차게 한다고 하므로, 냉증으로 고생할 때는 몸을 따뜻하게 하는 뿌리채소 중심으로 먹는다.

호박견과크로켓
시금치양파포타주
참깨드레싱샐러드

거친 피부에 좋은 해독식단

두유는 피부를 보호하는 단백질과 이소플라본을 함께 섭취할 수 있어 피부 미용에 좋은 식재료예요. 그런 두유를 풍부하게 섭취할 수 있는 정식을 소개합니다. 이 식단은 다른 재료를 통해 피부를 건강하게 유지하는 비타민 A와 혈액 순환을 촉진하는 비타민 E도 함께 섭취할 수 있어 거친 피부를 매끈하게 만들어준답니다.

* 일반적인 빵 1인분의 칼로리를 더해 총 칼로리를 계산했습니다.

호박견과크로켓

호박의 카로틴과 견과류의 비타민 E가 조화를 이뤄요

재료(2인분)

단호박 200g
아몬드 10알
두유 4큰술
소금 1/3작은술
빵가루 적당량

만드는 방법

1. 단호박은 한 입 크기로 썰어 김이 오른 찜통에 넣고 부드러워질 때까지 찐다. 아몬드는 거칠게 썬다.
2. 단호박을 으깨서 아몬드, 두유, 소금과 섞은 뒤 틀에 넣고 빵가루를 뿌린다. 250℃의 오븐에서 10분 동안 굽는다.

시금치양파포타주

시금치로 철분을 섭취해 피부 속까지 영양을 공급하세요

재료(2인분)

시금치 1/2단(100g)

양파 1/2개(100g)

표고버섯 4개(60g)

두유 200ml

소금 1/2작은술

만드는 방법

1. 시금치는 살짝 데쳐서 물에 헹군 다음 적당한 크기로 썬다. 양파와 표고버섯은 얇게 채 썬다.
2. ①의 채소와 물 1/2컵을 냄비에 넣고 뚜껑을 덮은 후 끓인다. 김이 오르기 시작하면 약한 불에서 5분 동안 푹 끓이고 불을 끈다.
3. ②에 두유와 소금을 넣고 푸드 프로세서에 옮겨 담아 포타주 상태가 되도록 간다. 다시 냄비에 넣고 따끈하게 데운다.

참깨드레싱샐러드

비타민 E가 듬뿍 들어 있는 참깨드레싱으로 담백함을 맛보세요

재료(2인분)

무 1.5cm(50g)
무말랭이 1꼬집
양배추 1장(50g)
토마토 중간 크기 1/2개(70g)
크레송 약간

참깨드레싱

참깨 페이스트 1큰술
식초 1큰술
간장 1작은술
두유 1큰술

만드는 방법

1. 무는 잘게 썰고, 무말랭이는 씻어서 먹기 좋은 크기로 썬다. 양배추와 토마토는 적당한 크기로 썬다. 드레싱 재료는 고루 섞는다.
2. 채소를 그릇에 담고 드레싱을 뿌린다. 크레송을 곁들인다.

POINT 피부가 건조할 때는 견과류와 참깨를 섭취해서 유분을 보충한다.

김치비지볶음밥
낫토우엉샐러드
양파된장국

변비를 해결하는 특효 해독식단

해독요리 모두 식이섬유가 듬뿍 들어 있어 변비에 효과적이지만, 여기에 장내 환경을 개선하는 발효 식품을 더하면 더욱 좋아요. 올리고당이 풍부한 양파도 충분히 섭취할 수 있는 변비에 특별히 좋은 식단이랍니다.

김치비지볶음밥

식이섬유와 발효 식품을 함께 섭취할 수 있는 주식이에요

재료(2인분)

김치 1/2컵(80g)
비지 1/2컵(45g)
양파 1/4개(50g)
무 1.5cm(50g)
표고버섯 3개(45g)
부추 3줄기
밥 200g
참기름 · 간장 적당량

만드는 방법

1. 김치는 먹기 좋은 크기로 썰고, 양파와 무, 표고버섯은 잘게 다진다. 부추는 송송 썬다.
2. 프라이팬에 참기름을 두르고 양파, 무, 표고버섯을 볶다가 밥과 비지를 넣고 한 번 더 볶는다.
3. 김치와 부추를 넣어서 섞고 간장으로 간을 맞춘 다음 불을 끈다.

낫토우엉샐러드

낫토가 장내 발효균을 늘려주어 몸에 좋아요

재료(2인분)

낫토 1팩
우엉 2/3대(80g)
무말랭이 1꼬집
미소된장 1큰술
식초 1큰술
올리브유 1/2큰술
양배추잎 1장(50g)

만드는 방법

1. 무말랭이는 씻어서 먹기 좋은 크기로 썰고 낫토, 미소된장, 식초, 올리브유와 고루 섞는다.
2. 우엉은 잘게 썰고, 양배추는 얇게 채 썬다.
3. 우엉을 3분 동안 삶은 후 물기를 완전히 뺀다. 양배추는 1분 동안 삶고 물기를 뺀다. 적당히 식으면 ①을 넣고 고루 섞는다.

양파된장국

올리고당이 풍부한 양파를 듬뿍 넣어 만들어요

재료(2인분)

토마토 큰 것 1/2개(100g)

양파 1/2개(100g)

무말랭이 1꼬집

깨소금 1큰술

미소된장 1큰술

만드는 방법

1. 토마토는 적당한 크기로 썰고, 양파는 간다. 무말랭이는 씻어서 먹기 좋은 크기로 썬다.
2. 냄비에 손질한 재료와 물 300ml를 넣고 가열한다. 물이 끓으면 약한 불에서 4~5분 더 끓인 뒤 깨소금과 미소된장으로 간을 맞춘다.

POINT 불규칙한 생활도 변비를 일으키는 원인이 된다. 변비 때문에 고생한다면 이 식단으로 개선해보자.

낫토시금치만두
셀러리된장비빔밥
두부크림과일파르페

여드름 진정시키는 특급 해독식단

여드름 때문에 신경이 쓰일 때는 비타민이 듬뿍 들어 있는 해독요리 정식을 드세요. 콜라겐을 형성하는 비타민 C 외에도 피지 분비를 억제하는 비타민 B2, 턴오버(진피층에서 만들어진 새로운 세포가 각질층까지 올라와 죽은 세포가 되어 떨어져 나가는 과정)를 정상으로 유지시키는 비타민 B6 등 피부를 건강하게 하는 영양소를 충분히 섭취할 수 있는 식단입니다.

낫토시금치만두

비타민 B2가 풍부한 낫토와 시금치의 환상 궁합!

재료(2인분)

낫토 1/2팩
시금치 1/4단(50g)
파 5cm(15g)
표고버섯 1개(15g)
간장 2작은술
얼레짓가루 1큰술
만두피 10~12장
양배추 적당량

만드는 방법

1. 시금치는 데쳐서 찬물에 헹군 후 물기를 꽉 짠다. 파는 송송 썰고, 표고버섯은 잘게 다진다.
2. ①의 채소와 낫토, 간장, 얼레짓가루를 볼에 넣고 섞어서 만두소를 만들고, 한 숟갈씩 떠서 만두피로 감싼다.
3. 대나무 찜기나 찜통에 양배추를 깔고 만두를 올려서 5~6분 동안 찐다.

POINT 자극적인 음식이나 기름진 음식은 피하는 것이 좋다. 만두도 군만두보다는 찐만두로 만들어 먹는 것이 좋다.

셀러리된장비빔밥

셀러리에는 비타민 B2가 풍부해요

재료(2인분)

셀러리 1/3대(50g)

무 1cm(30g)

미소된장 1큰술

간 생강 1작은술

참기름 1/2작은술

밥 200g

만드는 방법

1. 셀러리는 줄기와 잎 모두 굵게 다지고, 무는 잘게 다진다. 셀러리와 무를 볼에 담고, 미소된장과 간 생강, 참기름을 넣고 고루 섞어서 3~4분 동안 그대로 두어 간이 고루 배어들게 한다.
2. ①의 볼에 밥을 넣고 고루 섞어 담아 낸다.

두부크림과일파르페

비타민 B6가 풍부하게 들어 있는 디저트예요

재료(2인분)

두부 1/2모(150g)

메이플시럽 2큰술

바닐라 에센스 몇 방울

바나나 1개

딸기 3개

포도 3알

만드는 방법

1. 두부는 물기를 완전히 빼서 메이플시럽, 바닐라 에센스와 함께 푸드 프로세서에 넣고 페이스트 상태가 되도록 간다.
2. 바나나는 어슷하게 썰고, 딸기는 반으로 자른다.
3. ①의 두부크림을 그릇에 담고 과일을 얹어 장식한다.

유바파프리카볶음
아보카도두부무침
단호박된장포타주

주름 예방하는 해독식단

안티에이징에는 활성산소의 발생을 억제하는 비타민 A·C·E가 중요합니다. 콩과 콩 가공식품에 들어 있는 사포닌도 강한 항산화 작용으로 주름을 예방하는 데 도움이 되지요. 그래서 채소와 콩을 충분히 섭취할 수 있는 해독정식은 여성에게 아주 좋은 음식이에요.

유바파프리카볶음

사포닌과 비타민 A · C · E가 듬뿍 들어 있어요

재료(2인분)

건조한 유바* 3장　얼레짓가루 1큰술
파프리카(빨간색 • 노란색) 1/2개(각 75g)씩
피망 1개(40g)　양파 1/4개(50g)
표고버섯 4개(60g)　파 5cm(15g)
마늘 · 생강 1쪽씩　참기름 적당량

맛국물

청주 2큰술　무말랭이(잘게 다진 것) 1꼬집 분량
물 50ml　간장 1큰술

만드는 방법

1. 유바는 불려서 잘게 썰고 얼레짓가루를 묻힌다. 파프리카와 피망은 잘게 썰고, 양파와 표고버섯은 얇게 썬다. 파, 마늘, 생강은 잘게 다지고, 맛국물 재료는 고루 섞는다.
2. 프라이팬에 참기름을 두르고 유바를 볶는다.
3. 프라이팬을 달궈 파, 마늘, 생강을 볶아 향이 나면 채소를 볶는다. 채소 색이 선명해지면 볶은 유바와 맛국물을 넣고 한소끔 끓인다.

* 유바: 두유가 끓을 때 표면에 형성되는 얇은 껍질(막)을 걷어 말린 식품

아보카도두부무침

아보카도에는 노화를 방지하는 코엔자임 Q10이 들어 있어요

재료(2인분)

아보카도 1/3개(60g)

레몬즙 1작은술

방울토마토 5개

무침 양념장

두부(물기를 뺀 것) 1/2모(150g)

시로미소(흰 된장) 2작은술

만드는 방법

1. 아보카도는 스푼으로 한 입 크기로 도려내어 레몬즙을 뿌리고, 방울토마토는 반으로 자른다. 양념장 재료를 막자사발에 넣고 막자로 갈거나 볼에 넣고 포크로 으깨어가며 섞는다.
2. 아보카도와 방울토마토를 양념장에 버무려 접시에 담아 낸다.

단호박된장포타주

단호박에는 비타민 A · C · E가 모두 들어 있어요

재료(2인분)

단호박 100g

무 1cm(30g)

물 1컵

두유 1컵

미소된장 2작은술

한천가루 2g

만드는 방법

1. 단호박은 한 입 크기로 썰고, 무는 굵게 다진다.
2. 냄비에 ①의 재료와 물을 넣고 불을 켠다. 물이 끓으면 약한 불에서 6~7분 동안 더 끓인다. 채소가 부드러워지면 두유와 함께 푸드 프로세서에 넣고 곱게 간다.
3. ②를 다시 냄비에 붓고 미소된장과 한천가루를 넣어 고루 뒤섞는다. 펄펄 끓기 시작하면 불을 끈다.

POINT 세포를 산화시켜 피부에 색소를 침착시키고 주름이 생기게 하는 활성산소의 발생을 억제하는 데는 채소로 만든 해독정식이 좋다.

메밀면참깨샐러드
소송채두부볶음
두유젤리

스트레스 없애는 해독식단

스트레스를 받으면 비타민 B1과 비타민 C가 빠르게 소모되어 불안감, 초조함이 생기고 면역력도 저하된답니다. 이럴 때는 스트레스에 대항하는 부신피질 호르몬이 만들어지는 데는 단백질이 필요해요. 신경을 진정시키는 작용을 하는 칼슘과 함께 단백질을 충분히 섭취할 수 있는 스트레스 해소 정식을 만들어보세요.

메밀면참깨샐러드

비타민 B1이 많은 메밀면과 참깨가 조화를 이뤄요

재료(2인분)

양파 1개(200g)
무 3cm(100g)
무순 적당량
메밀면(건면) 100g
자른 미역(물에 불린 것) 2큰술

드레싱

시치미* 1작은술
갈은 흰 참깨 2큰술
식초 1큰술
(다져서 으깬)매실장아찌 1개
미소된장 1큰술
두유 2큰술
물 2큰술

만드는 방법

1. 양파는 얇게 채 썰어 찬물에 잠시 담가 매운맛을 제거하고, 무는 잘게 썬다. 드레싱 재료는 고루 섞어 준비한다. 메밀면은 봉지의 표시대로 삶아 찬물에 헹궈 물기를 뺀다.
2. 채소, 메밀면, 미역을 버무려 그릇에 담고 드레싱을 얹는다.
3. 무순을 얹어 장식한다.

* 시치미: 일곱 가지 양념이 혼합된 일본식 조미료

소송채두부볶음

칼슘이 듬뿍 들어 있는 볶음 요리예요

재료(2인분)

고야도후(얼린 두부) 1장
소송채 1/2단(100g)
표고버섯 5개(75g)
청양고추 1개
마늘 1쪽
청주 2큰술
간장 1큰술
후추 약간
참기름 적당량
물 50ml
간장 $1\frac{1}{2}$큰술

만드는 방법

1. 고야도후는 물과 간장(물 50ml, 간장 1작은술)을 섞은 양념에 담가 부드럽게 불린 뒤 손으로 잘게 찢는다.
2. 소송채는 적당한 크기로 썰고, 표고버섯은 얇게 썬다. 청양고추는 송송 썰고, 마늘은 얇게 저민다.
3. 프라이팬에 참기름을 두르고 청양고추와 마늘을 볶아 향이 나면 소송채와 표고버섯을 넣고 함께 볶는다. 소송채 색이 선명해지면 청주, 간장, 후춧가루로 간을 한 다음 ①을 넣어 함께 볶는다.

두유젤리

간단한 단백질원 두유도 놓치지 마세요

재료(2인분)

두유 1컵

물 1/4컵

한천가루 2g

메이플시럽 1큰술

만드는 방법

1. 냄비에 물, 한천, 메이플시럽을 넣고 중간 불에서 뒤섞으며 가열한다. 물이 끓어오르면 불을 끄고 두유를 섞는다.
2. 열이 식으면 유리용기에 부어 냉장고에 넣고 굳힌다. 구기자가 있으면 먹을 때 올려 장식한다.

POINT 콩 제품은 단백질과 칼슘이 많이 들어 있어서 스트레스 해소에 좋다.

cooking point 3

간단하고 간편한 저칼로리 미니 도시락

모델들이 추천하는 것이 하나 있는데, 바로 채소로 만든 미니 도시락이에요. 촬영장에서 먹는 도시락은 주로 육류나 어류 중심이기 때문에 집에서 미리 만들어놓은 채소 반찬을 가져가면 건강을 챙기는 데 도움이 되지요. 외식이 계속 이어질 때 미니 도시락을 활용하면 좋답니다.

당근샐러드

채 썬 당근 200g에 소금 1/4작은술을 뿌리고 15분 동안 두었다가 물기를 뺀다. 여기에 올리브유와 식초, 다진 파슬리를 1큰술씩 넣어 고루 섞는다.

채소코울슬로

자투리 채소 100g은 잘게 썰고 무말랭이 1꼬집은 먹기 좋은 크기로 썬다. 두유 50ml와 식초 1큰술, 시로미소(흰 된장) 1큰술로 버무린다.

미니 채소오일절임

끓는 물에 살짝 데쳐서 껍질을 벗긴 방울토마토 20개와 데친 브로콜리 30g을 식초 1큰술과 올리브유 2큰술, 소금 1/4작은술로 절인다.

뿌리채소초절임

우엉, 연근, 당근 각 50g을 먹기 좋은 크기로 썬 다음 우엉과 연근은 데친다. 식초 1/4컵, 설탕 1큰술, 소금 1/2작은술을 넣은 감식초에 절인다.

뿌리채소매실무침샐러드

우엉, 연근, 무, 당근 각 30g을 한 입 크기로 썰어서 데친다. 매실장아찌 2개를 다져서 으깨 넣고, 잘게 썬 차조기 5장과 함께 버무린다.

채소조림

브로콜리, 당근, 순무 각 30g을 한 입 크기로 썬 다음 물 80ml, 다시마차 1작은술, 청주 1큰술을 넣고 몇 분 동안 푹 끓인다. 물에 갠 얼레짓가루를 넣어 걸쭉하게 만든다.

START!

chapter 5

하루 한 끼 가볍게 맛있게

몸을 위해 해독요리를 만들고 싶지만 바빠서 정식 메뉴까지는 만들 수 없을 때가 있지요. 이럴 때는 일품요리로 간단하게 만들어 드세요.

토마토무말랭이라면

5분이면 뚝딱! 해독 채소가 무려 네 가지나 들어간 즉석 라면이에요

재료(2인분)

토마토 작은 것 2개(250g)	양파 1/2개(100g)
표고버섯 3개(45g)	무말랭이 2꼬집
두반장 1/2작은술	간장 1큰술
마늘 1쪽	갈은 흰 참깨 2작은술
소면 100g	쪽파 적당량

만드는 방법

1. 토마토는 적당한 크기로 썰고, 양파와 표고버섯은 얇게 썬다. 무말랭이는 씻어서 먹기 좋은 크기로 썰고, 마늘은 강판에 간다.
2. ①의 재료를 냄비에 넣고 뚜껑을 덮은 다음 불을 켠다. 김이 나기 시작하면 약한 불에서 3분 동안 끓이고, 물 300ml와 두반장, 간장, 마늘, 갈은 흰 참깨를 넣어 국물을 만든다.
3. 소면을 삶아서 그릇에 담고 ②의 국물을 넣는다. 쪽파를 송송 썰어 올린다.

우엉마덮밥

우엉이 주인공인 덮밥이에요

재료(2인분)

우엉 작은 것 1대(100g)
양파 작은 것 1/2개(80g)
표고버섯 4개(60g)
무말랭이 1꼬집
밥 2공기 분량

소스

참마(간 것) 120g
두유 1컵
간장 2큰술

만드는 방법

1. 우엉은 잘게 썰고, 양파와 표고버섯은 얇게 썬다. 무말랭이는 씻어서 먹기 좋은 크기로 썰고, 소스 재료는 고루 섞는다.
2. 우엉, 양파, 표고버섯, 무말랭이를 프라이팬에 넣고 물 200ml를 붓고 뚜껑을 덮어 중간 불에서 끓인다. 물이 끓으면 4~5분 정도 조린다.
3. 채소가 부드러워지면 소스를 넣고 살짝 데운 뒤 불을 끈다. 밥 위에 얹고, 기호에 따라 시치미를 뿌린다.

토마토버섯장국

표고버섯 대신 말린 표고버섯을 사용해도 좋아요

재료(2인분)

토마토 중간 크기 1개(150g)

표고버섯 3개(45g)

매실장아찌(우메보시) 2개

만드는 방법

1. 토마토는 먹기 좋은 크기로 썰고, 표고버섯은 얇게 썬다. 매실장아찌는 식칼로 과육을 다져서 으깬다.
2. 냄비에 ①의 재료와 물 300ml를 넣고 중간 불에서 끓인다. 물이 끓으면 약한 불에서 4~5분 동안 더 끓이고 불을 끈다. 쪽파가 있으면 송송 썰어서 올린다.

POINT 말린 표고버섯은 물에 불리지 않고 갓 부분을 손으로 찢어 사용한다.

말린 채소 카레라이스

장을 못 본 날에는 말린 채소를 이용해 요리를 만드세요

재료(2인분)

토마토 중간 크기 2개(350g)
양파 1/2개(100g)
무말랭이 2꼬집
톳 2큰술
말린 표고버섯 4개
청양고추 1개
간장 $1\frac{1}{3}$큰술
카레가루 2작은술
밀가루 1큰술
밥 2공기 분량

만드는 방법

1. 토마토는 먹기 좋은 크기로 썰고, 양파는 2cm 크기로 썬다. 무말랭이는 씻어서 먹기 좋은 크기로 썰고, 톳은 씻어 물기를 뺀다. 말린 표고버섯은 갓 부분을 손으로 찢는다. 청양고추는 송송 썬다.
2. 냄비에 ①의 재료와 물 1컵을 넣고 불을 켠다. 물이 끓으면 약한 불에서 4~5분 동안 더 끓인 다음 간장과 카레가루로 간을 맞춘다. 밀가루물(밀가루:물=1:3)을 넣어 걸쭉하게 한 다음 밥에 곁들여 담는다.

무미역마늘수프

해독에 좋은 즉석 수프예요

재료(2인분)

무 1.5cm(50g)

자른 미역 1큰술

매실장아찌(우메보시) 1개

올리브유 1작은술

마늘 1쪽

만드는 방법

1. 무는 잘게 썰고, 매실장아찌는 과육을 식칼로 다져서 으갠다. 마늘은 잘게 다진다.
2. 냄비에 올리브유를 두르고 마늘을 볶다가 향이 나면 무를 넣고 함께 볶는다.
3. ②에 물 300ml를 붓고 자른 미역과 다진 매실을 넣어서 한소끔 끓인 뒤 불을 끈다.

두부스테이크덮밥

해독 효능이 높은 채소를 듬뿍 곁들여 영양의 균형을 맞췄어요

재료(2인분)

두부 1모(300g)	얼레짓가루 적당량
양배추 1장(50g)	무 1.5cm(50g)
양파 1/4개(50g)	방울토마토 6개(60g)
식용유 적당량	밥 2공기 분량

양념장

간장 2큰술	청주 2큰술
맛술 2큰술	생강즙 2작은술

만드는 방법

1. 두부는 물기를 완전히 빼서 큼직하게 썰어 얼레짓가루를 고루 묻힌다. 양배추와 무는 잘게 썰고, 양파는 얇게 썬다. 방울토마토는 반으로 자른다.
2. 프라이팬에 식용유를 두르고 ①의 두부를 노르스름하게 굽는다.
3. 두부를 잠깐 꺼내놓고, 프라이팬을 한 번 더 달구어 양념장 재료를 넣어 조린다. 프라이팬에 다시 두부를 넣어 양념에 잘 버무린다. 그릇에 밥을 담고 채소와 함께 두부를 담아낸다. 무순이 있으면 위에 올려 장식한다.

두부토마토샐러드

쉽고 간단하게 만들 수 있는 샐러드예요

재료(2인분)

두부 1/2모(150g)

방울토마토 10개

쪽파 5뿌리

드레싱

올리브유 1큰술

레몬즙 2큰술

간장 1큰술

만드는 방법

1. 두부는 물기를 빼서 먹기 좋은 크기로 썬다. 방울토마토는 크기가 크면 반으로 자르고, 쪽파는 송송 썬다.
2. 드레싱 재료를 고루 섞는다.
3. ①의 재료를 그릇에 담고 드레싱을 끼얹는다.

sinvino

채소볶음국수

자투리 채소를 넣어서 만든 야키소바예요

재료(2인분)

양파 1/4개(50g)
표고버섯 4개(60g)
양배추 1장(50g)
당근 중간 크기 1/3개(50g)
무 1.5cm(50g)
작은 피망 2개(60g)
숙주나물 100g
소면(건면) 100g
우스터소스 2큰술
소금 · 후춧가루 적당량씩
식용유 적당량
생강초절임 · 파래 약간씩

만드는 방법

1. 양파와 표고버섯은 얇게 썰고, 양배추는 5mm 폭 정도로 썬다. 당근, 무, 피망은 잘게 썰고, 소면은 삶아서 찬물에 헹군다.
2. 프라이팬에 식용유를 두르고 채소를 볶는다. 채소의 숨이 죽기 전에 우스터소스로 간을 하고, 삶은 소면을 넣고 볶는다. 소금, 후춧가루로 간을 맞춘다.
3. 그릇에 담고 생강초절임과 파래를 뿌려 낸다.

베트남식 비빔밥

석둑석둑 썬 채소를 듬뿍 담아주세요

재료(2인분)

삶은 콩 100g
적채 50g
양파 1/4개(50g)
양배추 1장(50g)
당근 중간 크기 1/3개(50g)
숙주나물 100g
마늘 1쪽
밥 2공기 분량
식용유 적당량

비빔장

간장 1큰술
무말랭이(잘게 다진 것) 1작은술
청주 2큰술
카레가루 2작은술
굵게 간 후추 1/2작은술

만드는 방법

1. 삶은 콩은 굵게 다지고, 마늘은 잘게 다진다. 비빔장 재료를 고루 섞고, 적채와 양파는 얇게 썬다. 양배추와 당근은 채 썰고, 숙주나물은 재빨리 데쳐 물기를 뺀다.
2. 프라이팬에 식용유를 두르고 ①의 삶은 콩과 마늘을 볶는다. 마늘 향이 나기 시작하면 비빔장으로 간한다.
3. 접시 한가운데에 밥을 담고 주위에 채소를 먹음직스럽게 담은 뒤 볶은 비빔장을 밥에 얹는다. 먹을 때는 고루 섞어서 먹는다.

버섯토마토산라탕

새콤하고 매콤한 수프로 대사 활동을 촉진해요

재료(2인분)

양송이버섯 5개(50g)

양파 1/4개(50g)

작은 토마토 1/2개(70g)

물 300ml

소금 1/2작은술

식초 2큰술

고추기름 1/2작은술

만드는 방법

1. 양송이버섯과 양파는 얇게 썰고, 토마토는 먹기 좋은 크기로 썬다.
2. 모든 재료를 냄비에 넣고 살짝 끓인 뒤 불을 끈다.

무표고버섯스파게티

토핑으로 올린 표고버섯은 베이컨 못지않은 맛이 나요

재료(2인분)

무 6cm(200g)	양배추 1장(50g)
양파 1/4개(50g)	표고버섯 4개(60g)
마늘 2쪽	청양고추 1개
스파게티 면 140g	소금 적당량
올리브유 적당량	브로콜리 중간 크기 1/3개(80g)
작은 아스파라거스 4대(100g)	
파프리카(빨간색) 1/2개(75g)	

만드는 방법

1. 무는 스파게티 면과 비슷한 굵기로 썰고, 양배추는 적당한 크기로 썬다. 양파는 굵게 다져서 1분 정도 데치고, 브로콜리는 한 입 크기로 썰어 데친다. 파프리카, 아스파라거스는 먹기 좋은 크기로 썬다.
2. 표고버섯은 얇게 썰어서 소량의 올리브유에 살짝 튀긴다. 마늘은 얇게 저미고, 청양고추는 잘게 다진다.
3. 끓는 물에 소금을 넣고 스파게티 면을 삶기 시작한다.
4. 프라이팬에 올리브유를 두르고 마늘과 청양고추를 볶는다. 향이 나면 스파게티 삶은 물을 두 국자 정도 넣어 소스를 만든다.

5. 스파게티에 심이 약간 남을 정도로 삶아지면 건져내 ②의 프라이팬에 옮긴다. ①의 무, 양배추, 양파도 함께 넣고 가열하다가 소스를 넣고 잘 버무린다. 간이 부족하면 소금을 약간 넣어 간을 맞추고 불을 끈다.
6. 데친 브로콜리와 아스파라거스, 파프리카와 함께 그릇에 담고, 그 위에 튀긴 표고버섯을 올린다.

chapter 6

모델처럼 해독다이어트 2일 식단

급하게 다이어트를 해야 한다면 하루 세 끼를 채식 식단으로 바꿔요. 여기에 부기를 빼고 냉증을 잡고 식욕을 억제하는 기능성 메뉴를 더하면 언제든지 내 몸을 슬림하고 건강하게 만들 수 있어요. 이틀, 여섯 끼로 구성한 스페셜 플랜을 소개합니다.

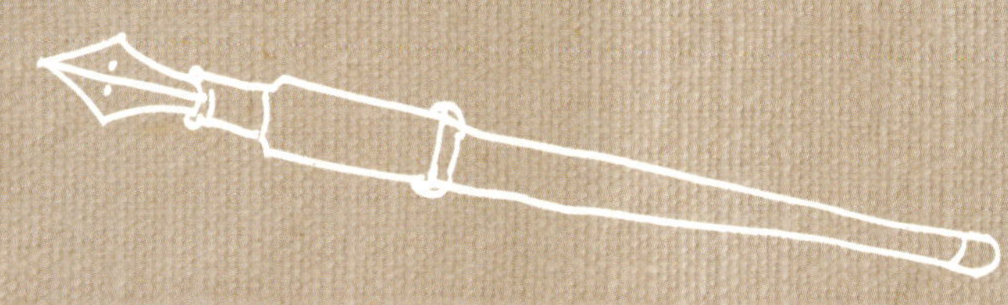

피부 잡티와 부기 확 빼는 2日 특급 해독식단

마크로비오틱 식생활을 실천하고 있는 무로야 씨. 외식이 이어지면 냉증으로 인한 부기와 탁해지는 피부 때문에 신경이 쓰인다고 합니다. 촬영 전이야말로 현미 중심의 마크로비오틱 정식을 실천할 때라고 하네요.

첫째 날 식단

냉증이 있는 무로야 씨는 현미밥에 곁들이는 반찬에 몸을 따뜻하게 하는 뿌리채소를 기본으로 사용해요. 생채소 양은 약간 줄이는 것이 좋고, 특히 냉증이 심할 때는 죽이나 된장국에 생강을 약간 갈아 넣어 요리해요.

• 볶은 현미죽 • 콩뿌리채소조림 • 배추당근절임

현미 1/4컵을 고소한 향이 날 때까지 볶은 다음 물 2컵을 붓고 약한 불에서 1시간 정도 끓인 '볶은 현미죽'이 메인 요리예요. 우엉과 무 등 몸을 따뜻하게 하는 뿌리채소와 삶은 콩조림을 함께 먹어요. 생채소는 배추당근절임을 통해 약간만 섭취하세요.

• 현미주먹밥 • 된장국 • 채소두부볶음

주된 반찬인 채소볶음은 고야도후(얼린 두부) 1장을 물 50ml와 간장 1작은술에 불린 후 잘게 썰어서 얼레짓가루를 묻힙니다. 이것을 뿌리채소 150g과 함께 볶은 다음 미소된장과 간장 각 1작은술, 청주 2큰술로 간하면 완성이랍니다. 주먹밥과 된장국도 함께 만들어 먹어요.

• 현미물만두 • 단호박샐러드 • 두부우엉된장조림

물만두가 메인 요리이자 주된 반찬이에요. 현미밥 30g과 자른 미역 1큰술, 잘게 다진 양파 30g을 잘 섞은 소를 넣어 만두를 만듭니다. 그리고 물 300ml와 염장다시마 1큰술을 넣어 푹 끓인 육수에 만두를 넣고 끓이세요. 단호박샐러드와 두부우엉된장조림을 함께 곁들여요.

둘째 날 식단

늦잠을 잔 날에는 브런치로 아침을 든든하게 챙겨 먹어요. 그리고 점심은 밥 대신 가벼운 간식을 먹어요. 몸이 차가워지지 않도록 아이스크림이나 생과일은 피하고, 보글보글 끓인 부드러운 간식을 곁들이는 편이 좋아요.

• 뿌리채소된장죽 • 채소볶음샐러드 • 연근된장조림

아침은 된장죽이에요. 몸을 따뜻하게 하는 미소된장으로 간을 맞추세요. 여기에 된장조림과 따뜻한 샐러드를 함께 먹으면 좋아요. 방울토마토, 양배추, 양파, 꼬투리콩 각 30g씩을 재빨리 볶아내 소금과 레몬즙을 끼얹어 볶음샐러드를 만드세요. 이 메뉴라면 몸이 차가워질 걱정이 없답니다.

• 사과건포도조림 • 엽차

사과 1/2개와 건포도 1큰술, 물 1/4컵을 약한 불에서 끓여 사과가 흐물흐물해지면 레몬즙 1작은술을 넣고, 물에 갠 녹말 1작은술을 부어 걸쭉하게 만듭니다. 몸을 따뜻하게 하는 시나몬 파우더를 살짝 뿌리면 더욱 좋아요. 여기에 음료는 엽차가 어울려요.

• 무청두부볶음덮밥 • 된장국 • 뿌리채소조림

무청 100g을 적당한 크기로 썰어 불려서 작게 찢은 고야도후(얼린 두부) 1/2장과 함께 프라이팬에 넣고 참기름을 둘러 볶습니다. 청주 1큰술, 미소된장 1큰술로 간을 맞춰요. 현미밥에 이 무청두부볶음을 올리면 됩니다. 뿌리채소조림과 된장국을 함께 내면 풍족한 한 끼 식사가 됩니다.

허리 살 싹 빼는 2日 해독다이어트 식단

점심이나 저녁에는 외식을 하거나 도시락을 먹을 때가 많아서 허리에 살이 쉽게 붙기 마련이에요. 그럴 때는 모델처럼 '주말 단기 집중 해독식단'으로 위기를 극복하세요.

첫째 날 식단

로푸드로 식사하면 채소에 들어 있는 대사를 돕는 효소를 충분히 섭취할 수 있습니다. 덕분에 축적된 체지방을 연소해서 몸매도 날씬해지고 피부의 신진대사도 활발해져 피부 미용 효과도 더 좋아지지요.

• **바나나소송채해독주스**

아침은 간편하게 섭취할 수 있는 로푸드인 주스를 만들어 먹어요. 바나나 1개, 소송채 50g, 키위 1개, 물 100ml를 믹서에 넣고 갈기만 하면 됩니다. 녹황색 채소를 사용할 때는 바나나처럼 달달한 과일을 함께 넣으면 편하게 마실 수 있어요.

• 아보카도김밥 • 시원한 채소수프

알팔파를 밥 대신 사용해서 아보카도를 감싼 김밥이 메인 요리예요. 수프는 잘게 썬 무, 양파, 참마 각 20g과 무말랭이 1꼬집에 물 1컵을 붓고, 미소된장 1큰술과 깨소금으로 간해요. 샐러드도 만들어 함께 곁들이면 더욱 좋아요.

• 쑥갓당근월남쌈 • 시원한 양상추수프 • 아보카도코코아무스

저녁에는 월남쌈을 만들어 먹어요. 크레송과 당근 각 30g을 라이스페이퍼로 감싸고, 미소된장과 참깨 페이스트를 같은 비율로 섞어 만든 소스를 곁들입니다. 양상추와 물, 다시마차를 넣고 갈아 냉 포타주를 만들고, 아보카도, 두유, 코코아 파우더를 갈아 페이스트 상태로 만든 무스도 준비해요.

둘째 날 식단

둘째 날 점심은 잘게 썬 양배추로 밥을 대신해요. 저녁은 반찬 대신 잘게 썬 참마를, 밥 대신 생채소를 먹어요. 그러면 포만감도 생기고 채소에 들어 있는 효소도 섭취할 수 있어 좋답니다. 배불리 즐겨 보세요.

• 딸기토마토해독주스

둘째 날 아침에는 빨간색 스무디를 만들어 드세요. 딸기 1/2팩과 토마토 큰 것 1개를 믹서에 넣고 곱게 갈아서 유리컵에 붓기만 하면 됩니다. 이렇게만 만들어도 맛있지만, 시중에 파는 아사이베리 음료 등을 섞으면 영양가가 더욱 높아진답니다.

• 양배추토마토마파덮밥

밥 대신 잘게 채 썬 양배추를 사용하는 토마토마파덮밥을 만들어요. 한 입 크기로 썬 토마토 70g과 잘게 다진 참마 40g, 잘게 다진 파와 무말랭이 각 1큰술, 두반장과 간장 약간, 물 50ml를 섞어서 간이 고루 배어들게 해요. 잘게 채 썬 양배추 위에 얹어 먹으면 된답니다.

• 참마초밥 • 과일젤리

초밥용 밥 대신 잘게 썬 참마를 사용해 만든 초밥이에요. 참마 위에 잘게 썬 오크라와 파프리카, 무순을 얹고 김으로 초밥을 잘 감싸 주세요. 디저트는 과일을 페이스트 상태가 되도록 갈아서 한천을 넣어 굳힌 젤리랍니다. 밥 없이도 든든한 한 끼 식사 어떠세요?

식욕 억제하는 2日 특효 해독식단

다카세 씨는 생리 전만 되면 평소에는 잘 먹지 않던 단 음식이 먹고 싶어진다고 해요. 안 그래도 잘 붓는 이 시기에 체중을 조절하고 싶다면 식단을 이렇게 계획해보세요.

첫째 날

다카세 씨는 아침에는 늘 스무디를 만들어 먹는 한편 점심이나 저녁에는 탄수화물을 확실하게 섭취한다고 해요. 그래야만 단 음식에 대한 욕구가 억제되기 때문이지요. 여기에 부기를 빼는 데 효과 만점인 곤약과 팥 등으로 반찬을 만들어요.

• 망고해독주스

망고 1/2개, 바나나 1개, 노란색 파프리카 1개, 물 100ml를 믹서에 넣고 곱게 갈아서 유리컵에 붓기만 하면 됩니다. 자꾸 단 음식이 먹고 싶을 때는 망고나 바나나처럼 단맛이 강한 과일을 넉넉하게 넣어 드세요.

• 현미밥 • 팥된장국 • 곤약스테이크

메인 요리는 곤약스테이크예요. 버섯이 듬뿍 든 소를 올려서 저칼로리면서도 포만감을 느낄 수 있는 점심 식사이지요. 신장 활동을 돕는 삶은 팥 1/4컵, 표고버섯 2개, 물 150ml를 함께 살짝 끓이고 미소된장 1큰술로 간을 맞춘 팥된장국을 곁들여요.

• 두부미트볼 • 현미샐러드

두부 100g, 양배추 1/2장, 표고버섯 2개를 잘게 다진 뒤 얼레짓가루 1큰술을 넣어 반죽한 미트볼이랍니다. 케첩 등 원하는 소스를 발라 간을 맞추세요. 단 음식이 먹고 싶을 때는 탄수화물을 확실하게 섭취하는 것이 좋으므로 현미샐러드를 만들어 곁들여요.

둘째 날

채소요리만 먹다보면 질릴 수 있어요. 그래서 둘째 날 점심은 샌드위치, 저녁은 메밀면으로 변화를 주었어요. 부기를 빼는 데 효과가 좋은 재료를 골라서 요리하는 것이 중요하답니다.

• 키위해독주스

둘째 날 아침은 초록색 해독주스를 만들어 먹어요. 키위 2개와 양배추잎 큰 것 1/2장(30g), 사과 1/2개를 먹기 좋은 크기로 썰어서 물 50ml와 함께 믹서에 넣고 곱게 갈아 유리컵에 붓기만 하면 됩니다. 단맛이 부족하게 느껴지면 사과의 양을 조금 더 늘리세요.

• 팥페이스트 샌드위치 • 호박쑥갓샐러드

점심에는 부기를 해소하는 데 좋은 팥으로 만든 페이스트를 빵 사이에 발라 샌드위치를 만들어요. 삶은 팥 1/2컵을 포크 등으로 으깨서 잘게 다진 양파 2큰술, 레몬즙 1큰술, 소금 1/4작은술과 고루 섞어 페이스트를 완성해 빵에 발라 먹어요. 호박쑥갓샐러드를 함께 먹으면 든든한 런치가 된답니다.

• 메밀면우엉샐러드 • 생강당근두유수프

우엉에 함유된 이눌린이라는 성분은 우리 몸에서 수분을 배출시키는 것을 도와 부기를 빼는 데 효과적이에요. 메밀면(건면) 50g을 삶고 그 위에 데쳐서 잘게 썬 우엉 100g과 쑥갓 50g을 올리고 참깨 1큰술, 두유 2큰술, 간장 1큰술을 섞어 만든 소스를 뿌립니다. 당근두유수프도 함께 만들어 먹어요.